"十三五"江苏省高等学校重点教材（教材编号2018-2-185）

飞行器维修技术专业高职教学资源库子项目成果

飞机钣金技术

主　编　黄　杰
副主编　庄亚红　成　诚

U0360321

扫码加入读者圈
轻松解决重难点

 南京大学出版社

图书在版编目(CIP)数据

飞机钣金技术 / 黄杰主编. — 南京：南京大学出版社，2020.8(2022.11 重印)

ISBN 978-7-305-23393-7

Ⅰ. ①飞… Ⅱ. ①黄… Ⅲ. ①飞机—钣金工—工艺学 Ⅳ. ①V261.2

中国版本图书馆 CIP 数据核字(2020)第 097617 号

出版发行　南京大学出版社
社　　址　南京市汉口路 22 号　　　　邮　编　210093
出 版 人　金鑫荣

书　　名　飞机钣金技术
主　　编　黄杰
责任编辑　吴华　　　　　　　　编辑热线　025-83596997
照　　排　南京南琳图文制作有限公司
印　　刷　南京鸿图印务有限公司
开　　本　787×1092　1/16　印张 13.5　字数 312 千
版　　次　2020 年 8 月第 1 版　2022 年 11 月第 2 次印刷
ISBN 978-7-305-23393-7
定　　价　38.00 元

网址：http://www.njupco.com
官方微博：http://weibo.com/njupco
微信服务号：njuyuexue
销售咨询热线：(025)83594756

☞ 扫码教师可免费获取
教学资源

前 言

　　"飞机钣金成形技术"是航空航天制造工程的一个重要组成部分，是实现飞机结构特性的重要制造技术之一，是航空装备专业类学生的专业课程。本教材配套该课程，结合新的教学方法和教学形式，从培养应用型人才的目标出发，遵循"理论适度，培养技能，拓展思维，突出应用"的原则，以完整的实际应用项目为基础，以企业所要求的职业素养、职业能力和职业知识为内涵，把知识、技能和岗位能力融入8个项目，20个教学任务之中，力求使读者通过学习，掌握钣金成形技术和操作技能。

　　本书主要内容包括金属塑性变形基础；冲裁；弯曲成形的压弯、滚弯和弯管；拉深成形；手工成形的手工弯曲、放边、收边、拔缘、拱曲、卷边、咬缝和校正；旋转成形；飞机钣金零件成形的橡皮成形、拉形和落压成形；特种成形的喷丸与高能成形和超塑性与蠕变成形。

　　本书由南京工业职业技术大学黄杰副教授任主编，南京航空航天大学陈明和教授任主审。南京工业职业技术大学庄亚红、成诚和蔡佳，西安航空职业技术学院石日昕，中航工业西飞公司段雪锋参加编写。

　　在编写本书过程中，得到了编者所在院校和部分企业的大力支持和帮助，也参考了部分国内外的文献资料，在此表示衷心的感谢！

　　由于编者水平有限，不足之处在所难免，敬请读者批评指正。

编　者

2020 年 4 月

目 录

项目 1

金属塑性变形基础

任务　变形机理

【任务描述】

1. 绘制低碳钢、铝合金的应力——应变曲线拉伸图。

2. 确定低碳钢、铝合金在拉伸时的机械性能(比例极限 R_p、下屈服强度 R_{eL}、强度极限 R_m、延伸率 A、断面收缩率 Z 等)。

【知识准备】

一、变形机理

大多数金属是在结晶状态下使用的。所谓结晶,就是原子按一定几何规律在空间周期性排列。使金属原子结合在一起的是金属键,这种键的结合特点是每个正离子处境都是等同的。因此,金属在塑性变形时,原子在变形后的新位置上能重新键合。金属键的方向性很小,这种相互的吸引力将金属原子在各个方向等同地堆积起来,形成空间点阵,并使各金属原子间具有最小的间隙空间。点阵的定义是每个阵点在空间具有相同的环境。也就是说,在一个空间点阵的每个阵点上,所看到的是完全相同的景象,并且永无止境。

1. 金属结构

金属的种类很多,但绝大多数(占 85%)金属的晶格类型属于下面三种。

(1) 体心立方晶格

体心立方晶胞是一个立方体,其晶格常数 $a=b=c,\alpha=\beta=\gamma=90°$。在体心立方晶胞中,原子位于立方体的八个顶角上和立方体的中心,如图 1.1 所示。属于这种晶格类型的金属有 α-铁(α-Fe)及铬(Cr)、钒(V)、钨(W)、钼(Mo)等。

(2) 面心立方晶格

其晶胞也是一个立方体,原子位于立方体的八个顶角上和立方体六个面的中心,如图 1.2 所示。属于这种晶格类型的金属有 γ-铁(γ-Fe)及铝(Al)、铜(Cu)、铅(Pb)、镍(Ni)等。

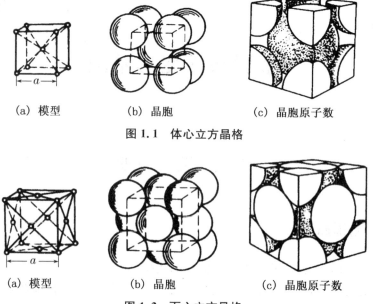

| (a) 模型 | (b) 晶胞 | (c) 晶胞原子数 |

图 1.1　体心立方晶格

| (a) 模型 | (b) 晶胞 | (c) 晶胞原子数 |

图 1.2　面心立方晶格

（3）密排六方晶格

其晶胞是一个正六方柱体，原子排列在柱体的每个角顶上和上、下底面的中心，另外三个原子排列在柱体内，如图 1.3 所示。属于这种晶格类型的金属有镁（Mg）、铍（Be）、镉（Cd）及锌（Zn）等。

不同元素组成的金属晶体因晶格形式及晶格常数的不同，表现出不同的物理、化学和力学性能。有些金属虽然具有相同的晶格类型，但由于原子直径的大小及晶格常数不相同，各原子所包含的电子数不同，其性能仍有很大的区别。金属的晶体结构可用 X 射线结构分析技术进行测定。

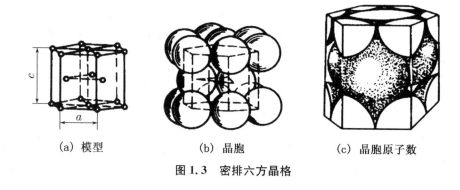

| (a) 模型 | (b) 晶胞 | (c) 晶胞原子数 |

图 1.3　密排六方晶格

2. 金属塑性变形机理

钣金工作就是使金属材料在常温下（或加热时）变形，从而得到所需零件形状的工作。钣金工作最大的特点是使金属材料变形，而变形必然引起金属内部结构变化。要做好钣金工作，必须了解变形对结构的影响，以便有效地利用它。

在钣金成形过程中为使板料变成所需形状,就要采用各种工艺方法(如弯曲、拉深等)对板料施加一定的力,这种在加工过程中对材料施加的力称为外力。

板料在外力作用下会发生变形,其内部各质点间的相对位置将会发生变化,各质点必然相互作用阻止其变化。这种原子间相互作用阻止材料变形的力称为内力,其数值大小和外力相等。

在钣金工艺中,应力是指作用在材料单位横截面积上的内力,用 σ 表示.

$$\sigma = \frac{P}{A} \tag{1.1}$$

式中:σ——应力,Pa;P——外力,N;A——横截面积,m^2。

金属在外力的作用下发生形状的改变,这种性质叫作变形。变形一般包括弹性变形和塑性变形两个发展阶段。弹性变形是组成晶格的原子在外力作用下被迫离开原来的平衡位置,在外力消失后,原子又能恢复到原来的平衡位置。这种外力去除后能消失的变形称为弹性变形。塑性变形则是原子被迫离开原来的平衡位置后,达到一个新的平衡位置,在外力消除后,原子不能回到原来的平衡位置。这种当外力去除后不能消失而残留下来的永久变形称为塑性变形,它是冷加工所需要的。金属的塑性变形主要是通过滑移和孪动两种方式进行的。

(1) 滑移

金属塑性变形最基本的方式是滑移。所谓滑移,是指晶体在切应力的作用下,晶体的一部分沿一定的晶面(滑移面)上的一定方向(滑移方向)相对于另一部分发生滑动。当原子滑移到新的平衡位置时,晶体就产生了微量的塑性变形,许多晶面滑移的总和就产生了宏观的塑性变形。图 1.4 表示晶体在切应力(τ)的作用下发生滑移产生变形的过程。

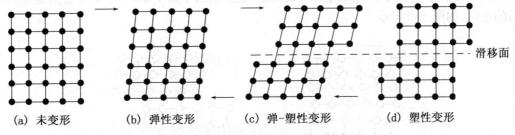

(a) 未变形　　　(b) 弹性变形　　　(c) 弹-塑性变形　　　(d) 塑性变形

图 1.4　单晶体在切应力作用下的变形

滑移变形具有以下特点:

① 滑移在切应力作用下产生,不同金属产生滑移的最小切应力(称滑移临界切应力)大小不同。钨、钼、铁的滑移临界切应力比铜、铝的要大。

② 滑移总是沿着晶体中原子密度最大的晶面(滑移面)和其上密度最大的晶向(滑移方向)进行,这是由于密排面之间、密排方向之间的间距最大,结合力最弱。

③ 滑移时两部分晶体的相对位移是原子间距的整数倍。

④ 滑移时晶体发生转动。

⑤ 滑移是通过位错在滑移面上的运动来实现的。晶体滑移时,并不是整个滑移面上的全部原子一起移动的,因为那么多原子同时移动,需要克服的滑移阻力十分巨大,实际

上滑移是借助位错的移动来实现的,如图1.5所示。大量位错移出晶体表面,就产生了宏观的塑性变形。

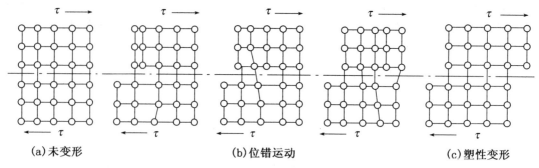

(a)未变形　　　　　(b)位错运动　　　　　(c)塑性变形

图1.5　位错的运动

（2）孪动

晶体的另一种塑性变形方式是孪生,又称孪动或孪晶。它不是塑性变形的主要方式,但它却能造成破坏。孪动是金属在一定的外力作用下,晶体的一部分相对于另一部分沿着一定的晶面和方向发生转动,其结果使晶体的一部分与原晶体处于对称位置。

孪动与滑移的主要区别如下:

① 滑移过程是渐进的,而孪动过程是突然发生的。例如,金属锡在孪动过程中,能听到一种清脆的声音,称为"锡鸣"。

② 在微观方面,滑移时晶格两部分相对于滑移面的切变量是原子间距的整数倍,滑移不会引起晶格取向的变化;而孪动时切变量则是原子间距的分数倍,并且各晶面相对于孪生面的切变量和它与孪生面的距离成正比,也正是由于这个原因,孪动才会引起晶格取向的变化,如图1.6所示。

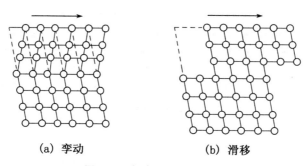

(a) 孪动　　　　　　　(b) 滑移

图1.6　孪动与滑移的区别

二、应力—应变曲线

材料在外力作用下所呈现的有关强度和变形方面的特性,称为材料的力学性能。它是保证零件和构件正常工作应具备的主要性能,主要包括强度、塑性、硬度、冲击韧性和疲劳强度等。

材料的力学性能一般通过试验来测定。例如,强度和塑性指标是通过拉伸试验测定的。板料的拉伸试验是确定板料力学性能的最简单、最普通的方法。根据拉伸试验所提供的力学性能指标，可以定性估计材料的压制成形性能。

以退火的低碳钢（含碳量在 0.3% 以下的碳素钢）为例，试样在拉伸试验过程中，伸长量与拉力 P 之间的关系曲线称为拉伸图或 $P—\Delta l$ 曲线，如图 1.7 所示。为了消除试样尺寸的影响，用拉力 P 除以试件横截面的原始面积 A，得到名义正应力：$\sigma = P/A$；同时将伸长量 Δl 除以标距的原始长度 l，得到应变：$\varepsilon = \Delta/l$。以 σ 为纵坐标，ε 为横坐标，作图表示 σ 与 ε 的关系，称该图为应力—应变图或 $\sigma—\varepsilon$ 曲线（如图 1.8）。

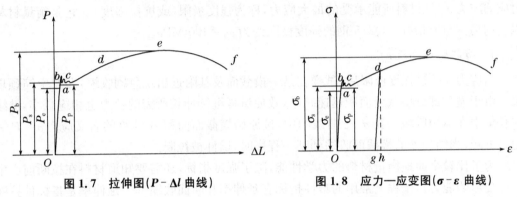

图 1.7　拉伸图（P-Δl 曲线）　　　图 1.8　应力—应变图（σ-ε 曲线）

根据试验结果，低碳钢的拉伸力学性能（如图 1.8）表现为 4 个不同的阶段。

1. 弹性阶段 ob

在拉伸的初始阶段，如果解除拉力后变形可以完全消失，即变形是弹性的。实验表明，低碳钢在弹性阶段内工作应力 σ 不超过比例极限 σ_p 时，σ 与 ε 的关系为直线 oa，材料符合胡克定律，即 $\sigma = E\varepsilon$。式中，E 是与材料有关的比例常数，称为弹性模量。对应于 $\sigma—\varepsilon$ 曲线图上直线 oa 的斜率，它的量纲和单位与正应力相同（Pa）。它是衡量材料抵抗弹性线变形能力的重要常数，称为弹性指标。弹性变形满足胡克定律的材料称为线弹性材料。某些材料（如某些高分子材料）称为非线性弹性材料。Q235 钢的比例极限约为 $\sigma_p = 200$ MPa。

当 σ 超过比例极限 σ_p 后，即从 a 点到 b 点，σ 与 ε 的关系不再表现为直线，但变形仍然是弹性的。弹性阶段所对应的最高应力称为弹性极限，用 σ_e 表示。弹性极限 σ_e 和比例极限 σ_p 的数值非常接近，因此，工程上并不严格区分。

2. 屈服阶段 bc

当 σ 超过弹性极限 σ_e 后，如果解除拉力，试样的一部分变形消失（即弹性变形），而另一部分不能消失的变形称为塑性变形或残余变形。在 $\sigma—\varepsilon$ 曲线图上表现为一条大致水平的锯齿状线段。这种应力 σ 基本保持不变，而应变 ε 显著增加的现象称为屈服或流动，它标志着材料暂时失去了抵抗变形的能力。屈服阶段内的最高应力和最低应力分别称为上屈服极限和下屈服极限。试验结果表明：上屈服极限受很多因素影响，一般是不稳定的；而下屈服极限则较为稳定，通常把下屈服极限称为材料的屈服极限或屈服点，用 σ_s 表示。材料的屈服使零件产生显著的塑性变形，从而影响机器的正常工作，因此，屈服极限 σ_s 是衡量材料强度的重要指标。Q235 钢的屈服极限约为 $\sigma_s = 240$ MPa。

若试样表面足够光滑,屈服时可以看到试件表面上出现一系列与轴线成 45°的斜条纹,通常称为滑移线。它是由材料内部晶格产生滑移引起的。由斜截面应力计算公式知,在 45°斜截面上存在最大切应力 τ_{max},τ_{max} 超过一定极限值是造成晶格滑移的根本原因。由此可见屈服现象与最大切应力有关。

3. 强化阶段 ce

过了屈服阶段以后,试样内晶粒滑移终止,材料又恢复了抵抗变形的能力,要使它继续变形必须增加拉力,这种现象称为材料的强化。$\sigma-\varepsilon$ 曲线图中,强化阶段的最高点 e 所对应的应力 σ_b 是材料所能承受的最大应力,称为强度极限(或抗拉强度)。它是衡量材料强度的另一重要指标。Q235 钢的强度极限约为 $\sigma_b = 400$ MPa。

4. 局部变形阶段 ef

当应力 σ 超过强度极限后,试样在某一横截面及其附近出现急剧收缩,即产生缩颈现象。由于缩颈部分横截面面积迅速减小,致使试样继续伸长所需的拉力也相应减小,继续伸长集中在缩颈区域。在 $\sigma-\varepsilon$ 曲线图中,按原始横截面面积 A 计算的名义应力 $\sigma = P/A$ 随之下降,当缩颈处的横截面收缩到某一程度时,试件被拉断。

为了比较全面地衡量材料的力学性能,除了强度指标,还需要知道材料在拉断前产生塑性变形的能力。工程上常用的塑性指标有延伸率和断面收缩率。延伸率是指标件拉断前后标距范围内塑性变形的百分率,用 δ 表示,即

$$\delta = \frac{l_1 - l}{l} \times 100\% \tag{1.2}$$

式中:l 为试验前拉伸试样的标距长度;l_1 为拉伸试样断裂后两段试样拼接后的标距长度。材料的另一个塑性指标是指试件剪断后断口处最小截面面积的断面收缩率,用 Ψ 表示,即

$$\Psi = \frac{A_1 - A}{A} \times 100\% \tag{1.3}$$

式中:A 为试验前横截面面积;A_1 为缩颈断口处最小截面面积。

δ 和 Ψ 愈大,说明材料的塑性愈好。工程上通常按延伸率的大小将材料分成两大类:$\delta > 5\%$ 的材料称为塑性材料,如碳钢、黄铜、铝合金等;$\delta < 5\%$ 的材料称为脆性材料,如灰铸铁、玻璃、陶瓷等。对于 Q235 钢,$\delta = 5\% \sim 20\%$,$\Psi = 60\%$,这说明其塑性性能很好。

对于塑性材料,还有一个值得注意的力学性能,即卸载定律。如图 1.9 所示,将试件加载到超过屈服极限的 d 点,然后逐渐卸去载荷,则在卸载过程中应力与应变将按线性关系减小,即沿着斜直线 dg 回到 g,斜直线 dg 近似地平行于 oa。这说明:在卸载过程中,应力和应变按直线规律变化,这就是卸载定律。卸载完毕后,只有如图 1.9 中线段 gh 所代表的那部分应变消失,而线段 og 所代表的那部分应变并不消失。这说明:当加载至应力达到图 1.9 中 d 点

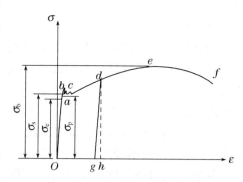

图 1.9 韧性材料的加载卸载再加载曲线

对应的值时,相应的应变包括了弹性应变 ε_{e} 和塑性应变 ε_{p} 两部分。

卸载后,如果在短期内再次加载,则应力和应变大致沿卸载时斜直线 gd 上升,到 d 点后又沿曲线 def 变化。这时,当应力达到原来的流动极限时不再发生流动。可见再次加载时,直到 d 点以前材料的变形都是弹性的,经过 d 点以后才开始出现塑性变形。倘若卸载后经过一段时间再加载,则应力应变曲线会在超过卸载应力一定值后才变为曲线。工程实践中就是利用这种加载卸载再加载的方式将塑性材料(如低碳钢)进行预张拉以提高材料的比例极限。但是,经过这种处理的钢材,比例极限虽然提高了,塑性变形和延伸率却有所降低。材料在室温下经受塑性变形后比例极限提高而塑性降低的现象称为冷作硬化。冷作硬化现象经退火后又可以消除。

【任务实施】

一、实验设备

电子万能试验机一台;

钢直尺一把;

游标卡尺一把;

低碳钢和铝合金试验件,试样符合 GB/T 228.1—2010 规定,结构如图 1.10 所示。

图 1.10　标准试样

二、操作步骤

1. 电子万能试验机操作

第一步　量尺寸。用游标卡尺在标距内的两端及中部三个位置上沿两个相互垂直的方向测量直径,以其平均值计算各横截面面积,再取三者中的最小值为试件的初始截面面积。

第二步　打开计算机电源,选择试验模式。

第三步　安装试件。使用手控盒或程序移动横梁夹待试样,将试件安装至合适位置,按箭头指示方向手动夹紧试件上下夹头。

第四步　安装引伸计。夹持好试件后请安装引伸计,安装后取下小插销。

第五步　各通道清零,点击开始按钮,开始加载,画曲线。

第六步　观察曲线和实验现象,若曲线开始下降,试件出现颈缩现象至最后拉断。当出现"试样破断,本实验是否有效"对话框,点击"是"保存,结束本实验。

第七步　打印出拉伸图,抄下数据。

第八步　卸下试件,测量断后标距及断中处的最小直径。

2. 实验数据处理

（1）强度指标

比例强度：
$$\sigma_P = P/A_0 = 4P/(\pi d_0^2) \tag{1.4}$$

下屈服强度：
$$\sigma_s = P_s/A_0 \tag{1.5}$$

条件屈服强度：
$$\sigma_{0.2} = P_{0.2}/A_0 \tag{1.6}$$

抗拉强度：
$$\sigma_b = P_b/A_0 \tag{1.7}$$

断裂强度：
$$\sigma_f = P_f/A_0 \tag{1.8}$$

（2）塑性指标

断后伸长率：
$$\delta = (L_u - L_0)/L_0 \times 100\% \tag{1.9}$$

断面收缩率：
$$\Psi = (A_0 - A_u)/A_0 \times 100\% = \left(\frac{1}{4}\pi d_0^2 - \frac{1}{4}\pi d_u^2\right) / \left(\frac{1}{4}\pi d_0^2\right) \times 100\% \tag{1.10}$$

弹性模量：E

注意事项

① 试件夹紧后,切忌使用启动下夹头的行程开关。

② 加载、卸载必须缓慢进行,实验过程中不得触动摆锤。

③ 实验过程中,如听到异常声音或发生故障,应立即停机。

三、结束工作

第一步　清点工具和设备,摆放规范整齐,外表完好。

第二步　清扫工作现场,保持工位文明整洁,符合安全文明生产。

第三步　填写试验数据表1.1和表1.2,并分析低碳钢、铝合金的应力—应变曲线拉伸图。

表 1.1　低碳钢拉伸试验数据表

初始截面积 A_0（mm²）	初始标距 L_0（mm）	断后伸长率 δ（%）	比例伸长力 P（kN）	下屈服力 P_s（kN）	最大力 P_b（kN）	断裂力 P_f（kN）
断后截面积 A_u（mm²）	断后标距 L_u（mm）	断面收缩率 Ψ（%）	比例强度 σ_p（MPa）	下屈服强度 σ_s（MPa）	抗拉强度 σ_b（MPa）	断裂强度 σ_f（MPa）

表 1.2 铝合金拉伸试验数据表

初始截面积 A_0(mm^2)	初始标距 L_0(mm)	断后伸长率 δ(%)	比例伸长力 P(kN)	条件屈服力 $P_{0.2}$(kN)	最大力 P_b(kN)
断后截面积 A_u(mm^2)	断后标距 L_u(mm)	断面收缩率 Ψ(%)	比例强度 σ_p(MPa)	条件屈服强度 $\sigma_{0.2}$(MPa)	抗拉强度 σ_b(MPa)

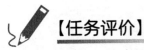

【任务评价】

根据表 1.3 评分表,可对任务进行评价和总结。

表 1.3 放边评分表

序号	金属材料拉伸试验操作评分 考核项目	配分 T	总分 评分标准 $\leqslant T$	$>T,\leqslant 2T$	$>2T$	检测结果	得分
1	比例强度 σ_p	20	20	5	0		
2	条件屈服强度 $\sigma_{0.2}$	15	15	5	0		
3	断面收缩率 Ψ	15	15	0	0		
4	工具和设备使用规范性	30	发现一处扣 2 分				
5	技术安全和文明生产	20	违反规定扣 5~10 分				

【思考与练习】

1. 测定材料的力学性能为什么要使用标准试件?

2. 提高金属材料的屈服强度有哪些方法?

3. 为什么材料的塑性要以延伸率和断面收缩率这两个指标来衡量? 它们在工程上有什么实际意义?

项目 2

冲　裁

任务　冲裁分离

【任务描述】

1. 冲裁零件的形状和尺寸如图 2.1 所示,确定冲裁工艺方案,设计冲裁模具。

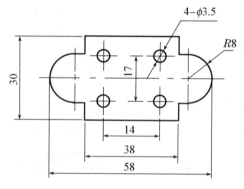

图 2.1　零件图

2. 技术要求

(1) 生产批量:大批量。

(2) 材料:08F 钢板,厚度 $t=2$ mm。

(3) 尺寸精度:零件图上所有尺寸均未标注公差,属自由尺寸。

(4) 零件平整,表面无划痕、压伤、裂纹等。

【知识准备】

一、冲裁的基本原理

冲裁是利用冲裁模来完成板料分离的一种冲压加工方法。冲裁可以得到平板零件,也可为弯曲、拉深、成形等工序准备毛坯。冲裁工艺包括冲孔、落料、切断、切口、切边、剖切、冲槽、冲缺、修整等内容。

一般来说,冲裁工艺主要是指落料和冲孔工序。如果冲裁时,沿封闭曲线以内被分离的板料是零件时,称为落料。反之,封闭曲线以外的板料作为零件时,称为冲孔,见表2.1所示。

表 2.1　冲裁工序及应用

工序	简图	特征及应用
落料	废料　零件	用冲模从材料上沿封闭轮廓曲线分离出工件的工序。冲下部分是零件。用于制造各种形状的平板零件。
冲孔	废料　零件	用冲模从工件上沿封闭轮廓分离出的废料,获得所需要的带孔零件的工序。冲下部分是废料。用于制造各种形状的平板零件。

冲裁过程如图2.2所示。凸模1与凹模2具有与工件轮廓一致的刃口。凸、凹模之间存在一定的间隙,当外力(如压力机滑块运动)将凸模推下时,便将放在凸、凹模之间的板料冲裁成需要的工件。

冲裁过程是在瞬间完成的,在模具刃口尖锐,凸、凹模间隙正常时,这个过程大致可以分为三个阶段,图2.3所示为板料冲裁变形的全过程。

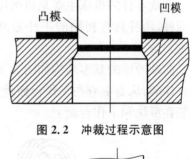

图 2.2　冲裁过程示意图

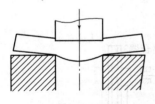

(a) 弹性变形阶段

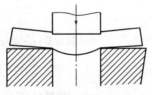

(b) 塑性变形阶段

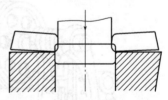

(c) 断裂分离阶段

图 2.3　板料冲裁变形过程

1. 弹性变形阶段

当凸模开始接触板料并下压时,在凸、凹模压力作用下,板料表面受到压缩产生弹性变形,板料略有压入凹模洞口现象。由于凸、凹模间隙的存在,在冲裁力作用下产生弯矩,使板料同时受到弯曲和拉伸作用,凸模下的材料略有弯曲,凹模上的材料则向上翘起。间隙越大,弯曲和上翘现象越明显。而材料的弯曲和上翘又使凸、凹模端面与材料的接触面逐渐移向刃口的附近。此时,凸、凹模刃口周围材料应力集中现象严重。位于刃口端面的材料出现压痕,而位于刃口侧面的材料则形成圆角。由于开始时压力不大,材料的内应力还未达到屈服点,仍在弹性范围内,若撤去压力,板料可回复原状。

2. 塑性变形阶段

凸模继续下压,材料内应力达到屈服点,板料在与凸、凹模刃口接触处产生塑性剪切变形,凸模切入板料,板料下部被挤入凹模洞内。板料剪切面边缘的网角小于弯曲和拉伸作用的加大而形成明显塌角,剪切面显现明显的滑移变形,形成一段光亮且与板面垂直的剪切断面。凸模继续下压,光亮剪切带加宽,而冲裁间隙造成的弯矩使材料产生弯曲应力。当弯曲应力达到材料抗弯强度时便发生弯曲塑性变形,使冲裁件平面边缘出现"穹弯"现象。随着塑性剪切变形的发展,分离变形应力随之增加,终至凸、凹模刃口侧面材料内应力超过抗剪强度,便出现微裂纹。由于微裂纹产生的位置是在离刃尖不远的侧面,裂纹产生后也就留下了毛刺。

3. 断裂分离阶段

凸模继续下行,刃口侧面附近产生的微裂纹不断扩大并向内延伸发展,至上、下两裂纹相遇重合,板料便完全分离,粗糙的断裂带同时也留在冲裁件断面上。此后凸模再下压,已分离的材料便从凹模型腔中推出,而已形成的毛刺同时被拉长并留在冲裁件上。

二、冲裁设备

冲裁零件的机床主要是机械压力机,俗称冲床。常用的冲床包括曲轴冲床和偏心冲床两种,两种具有相同的工作原理,区别主要在主轴,前者主轴是曲轴,后者主轴是偏心轴。

曲轴冲床的基本结构如图2.4所示,工作原理如图2.5所示。冲床的床身与工作台是一体的,床身上有与工作台面垂直的导轨,滑块可沿导轨做上、下运动。上、下冲裁模分别装在滑块和工作台面上。

图 2.4 曲轴冲床结构

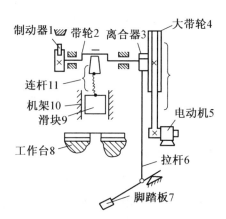

图 2.5 曲轴冲床工作原理

三、冲裁间隙、冲裁力

1. 冲裁间隙

冲裁模的凸模尺寸总要比凹模小,其间存在一定的间隙。设凸模刃口部分尺寸为 d,凹模刃口部分尺寸为 D(如图 2.6),则冲裁模具间隙 Z(双边)可用下式表示:

$$Z = D - d \qquad\qquad (2.1)$$

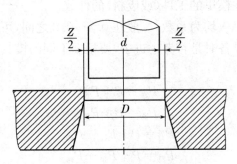

图 2.6　冲裁间隙示意图

冲裁模具间隙是一个重要的工艺参数。合理的间隙除了能保证工件良好的断面质量和较高的尺寸精度外,还能降低冲裁力,延长模具的使用寿命。

合理的间隙值,是一个尺寸范围。间隙尺寸范围的上限称为最大合理间隙 $Z_{\max}$,下限为最小合理间隙 $Z_{\min}$。凸模与凹模在工作过程中必然会有磨损,使间隙逐渐增大。因此,制造新模具时,应采用合理间隙最小值。但对尺寸精度要求不高的零件,为减少模具的磨损,可采用大一些的间隙。

对于飞机工厂的常用金属板料,冲裁模的合理单面间隙 $Z/2$ 是板料厚度的 $2\%\sim$ 5%。板料薄而材料软时,间隙占板料厚度的百分比应小。

在模具使用过程中,间隙随着凸、凹模的磨损而逐渐扩大,因此,新制的模具应取间隙最小值。

(1)落料(冲裁外形)时,凹模的尺寸取为零件的最小极限尺寸。决定落料尺寸的是凹模,间隙由减小凸模的尺寸得到,即 $d = D - Z$。

(2)冲孔时,凸模的尺寸取为孔的最大极限尺寸。决定冲孔尺寸的是凸模,间隙由增加凹模的尺寸得到,即 $D = d + Z$。

2. 冲裁力

冲裁力是指冲裁时,材料对凸模的最大抵抗力,它是用冲压设备检验冲模强度的依据。

冲裁力的计算公式(在平刃冲模上冲裁时所需的冲裁力)

$$P = KLt\tau \qquad\qquad (2.2)$$

其中,P——冲裁力(N);

　　　L——冲裁零件的周长(mm);

　　　t——冲裁零件的厚度(mm);

τ——材料的抗剪强度(MPa);

K——系数,考虑间隙和刃口磨钝的影响,一般取值$1\sim1.3$。

冲裁时,工件或废料从凸模上卸下来的力为卸料力,从凹模内将工件或废料顺着冲裁的方向推出的力为推件力,逆冲裁方向顶出的力叫顶件力。通常多为经验公式计算:

$$P_卸=K_卸\,P,P_顶=K_顶\,P,P_推=nK_推\,P \qquad (2.3\sim2.5)$$

式中:P——冲裁力,N;

n——同时卡在模里的工件(或废料)的件数;

$K_卸,K_顶,K_推$——均为系数,一般在$0.3\sim0.8$之间,可查表得到。

这些力在选择冲裁设备时是否考虑进去,要根据不同的模具结构区别对待。因此,总冲裁力可能是:

$$P_总=P+P_推 \qquad (2.6)$$

或
$$P_总=P+P_顶 \qquad (2.7)$$

或
$$P_总=P+P_推+P_卸 \qquad (2.8)$$

或
$$P_总=P+P_顶+P_卸 \qquad (2.9)$$

四、冲裁模具

冲裁加工的零件多种多样,冲裁模具的类型也很多,常用的模具是在冲床每一次冲程中只完成一道冲裁工序的简单冲裁模。简单冲裁模的组成包括:凸模和凹模、定位装置、卸料装置、导向装置和装卡、固定装量等,如图2.7所示。

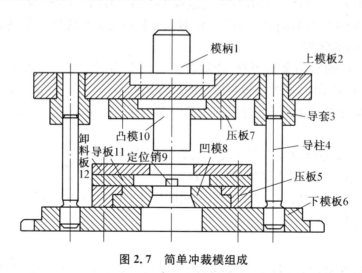

图2.7 简单冲裁模组成

凸模和凹模:这是直接对材料产生剪切作用的零件,是冲裁模具的核心部分。由图2.7中凸模10和凹模8组成,凸模10固定在上模板2上,凹模8固定在下模板6上。

定位装置:其作用是保证冲裁件在模具中的准确位置。由图2.7中导板11和定位销9组成,固定在下模架上,控制条料的送进方向和送进量。

卸料装置(包括出料零件):其作用是使板料或冲裁下的零件与模具脱离。图2.7中刚性卸料板12,当冲裁结束凸模10向上运动时,连带在凸模上的条料被刚性卸料板挡住落下。此外,凹模上向下扩张的锥孔,有助于冲裁下的材料从模具中脱出。

导向装置:其作用是保证模具的上、下两部分具有正确的相对位置。图2.7中导套3和导柱4即此模具的导向装置。工作时,装在导模板上的导套在导柱上滑动,使凸模与凹模得以正确配合。

装卡、固定装量:其作用是保证模具与机床、模具与零件间连接的稳定、可靠。图2.7中的上模板2、下模板6、模柄1、压板5和用板7及图中未画出的螺柱、螺钉等,都属装卡、固定零件。靠这些零件将模具各部分组合装配,并固定在冲床上。冲裁模具还可根据不同冲裁件的加工要求,增加其他装置。例如为防止冲裁件起皱和提高冲裁断面质量而设置压料圈等。

五、冲裁工艺

1. 搭边值的确定

为保证冲裁质量和寿命,冲裁时材料在凸模工作刃口外侧应留有足够的宽度,即所谓搭边。搭边值一般可根据冲裁件的板厚 t 按如下关系选取:

圆形零件 $a \geqslant 0.7t$;

方形零件 $a \geqslant 0.8t$。

2. 合理排样

冲裁加工时的合理排样,是降低生产成本的有效途径。合理排样,是在保证必要搭边值的前提下,尽量减少废料,如图2.8所示。

(a) 合理排样　　　　　　　　　　　　　(b) 不合理排样

图 2.8　排样

各种冲裁件的具体排样方法,应根据冲裁件形状、尺寸和材料规格,灵活考虑。

3. 可能冲裁的最小尺寸

零件冲裁加工部分尺寸越小,则所需的冲裁力也越小,但尺寸过小,将造成凸模单位面积上的压力过大,使其强度不足。零件冲裁加工部分的最小尺寸,与零件的形状、板厚及材料的力学性能有关。采用一般冲模,在软钢材料上所能冲出的最小尺寸为:

圆形零件最小直径＝t(板厚)

方形零件最小边长＝$0.9t$

矩形零件最小短边＝$0.8t$

4. 使用冲床应注意的事项

(1) 使用前,对冲床的各部分要进行检查,并加注润滑油。

（2）安装模具时，要使模具压力中心与冲床压力中心相吻合，且要保证凸、凹模间隙均匀。

（3）启动开关后，空车试转 3～5 次，检查操纵装置及运转状态是否正常。冲裁时，精神要集中，不能随意踩踏板，要防止手伸向模具间或头部接触滑块，以免发生事故或造成废品。

（4）不能冲裁过硬或经淬火的材料，而且冲床绝不允许超载工作。

（5）停止冲裁后，需切断电源或上保险开关。冲裁出的零件及边角料应及时运走，保持冲床周围无工作障碍物。

（6）长时间冲裁，要注意检查模具有无松动，间隙是否均匀。

 【任务实施】

一、冲裁件工艺分析

1．材料

08F 钢板是优质碳素结构钢，具有良好的可冲压性能。

2．工件结构形状

冲裁件内、外形应尽量避免有尖锐清角，为提高模具寿命，建议将所有 90°清角改为 $R1$ 的圆角。

3．尺寸精度

零件图上所有尺寸均未标注公差，属自由尺寸，可按 IT14 级确定工件尺寸的公差。经查公差表，各尺寸公差为：$58_{-0.74}^{0}$、$38_{-0.62}^{0}$、$30_{-0.52}^{0}$、$16_{0}^{-0.43}$、14 ± 0.27、17 ± 0.27、$\phi3.5_{0}^{+0.3}$。

结论：可以冲裁。

二、确定工艺方案及模具结构形式

经分析，工件尺寸精度要求不高，形状不大，但工件产量较大，根据材料较厚（2 mm）的特点，为保证孔位精度，冲模有较高的生产率，通过比较，决定实行工序集中的工艺方案，采取利用导正钉进行定位、刚性卸料装置、自然漏料方式的级进冲裁模结构形式。

三、模具设计计算

1．排样计算条料宽度及确定步距

首先确定搭边值。根据零件形状，两工件间按矩形取搭边值 $b=2$，侧边按圆形取搭边值 $a=2$。

级进模进料步距为 32 mm。

条料宽度按相应的公式计算：

$$B=(D+2a)-\Delta \quad 查表 \quad \Delta=0.6 \tag{2.10}$$
$$B=(58+2\times2)_{-0.6}=62_{-0.6}$$

画出排样图,如图 2.9 所示。

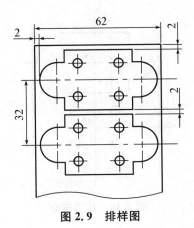

图 2.9 排样图

2. 计算总冲压力

由于冲模采用刚性卸料装置和自然漏料方式,故总的冲压力为:

$$P_0=P+P_t \tag{2.11}$$
$$P=P_1+P_2 \tag{2.12}$$

而式中:P_1——落料时的冲裁力;P_2——冲孔时的冲裁力。

按冲裁力计算公式计算落料时的冲裁力:

$$P_1=KLt\tau \quad 查 \tau=300 \text{ MPa}$$
$$=1.3[2\times(58-16)+2\times(30-16)+16\pi]\times2\times300/1\,000(\text{kN}) \tag{2.13}$$
$$\approx126.55(\text{kN})$$

按冲裁力计算公式计算冲孔时的冲裁力:

$$P_2=1.3\times4\pi\times3.5\times2\times300/1\,000(\text{kN}) \tag{2.14}$$
$$\approx34.3(\text{kN})$$

计算推料力 P_t:

$$P_t=nK_tP \quad 取 n=3,查表 K_t=0.055$$
$$P_t=3\times0.055\times(126+34) \tag{2.15}$$
$$\approx26.5(\text{kN})$$

计算总冲压力 P_0:

$$P_0=P_1+P_2+P_t$$
$$=126.55+34.5+26.5 \tag{2.16}$$
$$=187.5(\text{kN})$$

3. 确定压力中心

根据图 2.10 分析,因为工件图形对称,故落料时 P_1 的压力中心在 O_1 上,冲孔时 P_2 的压力中心在 O_2 上。

设冲模压力中心离 O_1 点的距离为 X,根据力矩平衡原理得:

$$P_1 X = (32 - X) P_2 \qquad (2.17)$$

由此算得 $X = 7$ mm

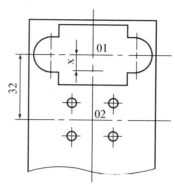

图 2.10　压力中心

4. 冲模刃口尺寸及公差的计算

刃口尺寸计算方法及演算过程不再赘述,仅将计算结果列于表 2.2 中。

在冲模刃尺寸计算时需要注意:在计算工件外形落料时,应以凹模为基准,凸模尺寸按相应的凹模实际尺寸配制,保证双面间隙为 $0.25 \sim 0.36$ mm。为了保证 $R8$ 与尺寸为 16 的轮廓线相切,$R8$ 的凹模尺寸取 16 的凹模尺寸的一半,公差也取一半。

在计算冲孔模刃口尺寸时,应以凸模为基准,凹模尺寸按凸模实际尺寸配制,保证双面间隙为 $0.25 \sim 0.36$ mm。

表 2.2　冲模刃口尺寸

冲裁性质	工件尺寸	计算公式	凹模尺寸标注法	凸模尺寸标注法
落料	$58^{0}_{-0.74}$ $38^{0}_{-0.62}$ $30^{0}_{-0.52}$ $16^{0}_{-0.43}$ $R8$	凹模计算 $D_d = (D_{\max} - x\Delta)^{+\delta_d}_{0}$ $\delta_d = 0.25\Delta$	$57.6^{+0.18}_{0}$ $37.7^{+0.16}_{0}$ $29.7^{+0.13}_{0}$ $16.8^{+0.11}_{0}$ $R7.9^{+0.06}_{0}$	凸模尺寸按凹模实际尺寸配置,保证双边间隙 $0.25 \sim 0.36$ mm
冲孔	$\varphi 3.5^{+0.3}$	凸模计算 $d_p = (d_{\min} + x\Delta)^{0}_{-\delta_p}$ $\delta_p = 0.25\Delta$	凹模尺寸按凸模刃口实际尺寸配置,保证双边间隙 $0.25 \sim 0.36$ mm	$3.65_{-0.08}$

中心距尺寸:$L_{14} = 14 \pm 0.44/8 = 14 \pm 0.055$

$L_{17} = 17 \pm 0.44/8 = 17 \pm 0.055$

注:在计算模具中心距尺寸时,制造偏差值取工件公差的 1/8

5. 确定各主要零件结构尺寸

(1) 凹模外形尺寸的确定

凸模厚度 H 的确定：

$$H = \sqrt[3]{0.1P} \quad P \text{ 取总压力} = 187.5(\text{kN}) = 187\,500 \text{ N}$$

$$H = \sqrt[3]{0.1 \times 187\,500} \approx 26 \text{ mm} \tag{2.18}$$

取凹模厚度 $H = 25$ mm。

根据设计资料确定凹模长度 L 和宽度 B

凹模长度 L 的确定：
$$L = b + 2c \qquad (c \text{ 根据设计资料取 } 34)$$
$$= 58 + 2 \times 34 = 126 \text{ mm} \tag{2.19}$$

凹模宽度 B 的确定：$B = $ 步距 + 工件宽 + $2c$（取：步距 $= 32$；工件宽 $= 30$；$c = 34$）
$$B = 32 + 30 + 2 \times 34 = 130 \text{ mm} \tag{2.20}$$

凹模板尺寸为：
$$L \times B \times H = 126 \times 130 \times 25 \tag{2.21}$$

(2) 凸模长度 L_1 的确定

凸模长度计算为：
$$L_1 = h_1 + h_2 + h_3 + Y \tag{2.22}$$

其中：导料板厚 $h_1 = 8$；卸料板厚 $h_2 = 12$；凸模固定板厚 $h_3 = 18$；凸模修磨量 $Y = 18$，则

$$L_1 = 8 + 12 + 18 + 18 = 56 \text{ mm} \tag{2.23}$$

选用冲床的公称压力，应大于计算出的总压力 $P_0 = 187.5(\text{kN})$；最大闭合高度应大于冲模闭合高度 + 5 mm；工作台台面尺寸应能满足模具的正确安装。按上述要求，结合工厂实际，可选用 J23 - 250 开式双柱可倾压力机，并需在工作台面上配备垫块，垫块实际尺寸可配制。

(3) 设计并绘制总图、选取标准件

按已确定的模具形式及参数，从冷冲模标准中选取标准模架。

绘制模具总装图。如图 2.11 所示，单排冲孔落料连续模。

按模具标准，选取所需的标准件，查清标准件代号及标记，写在总图明细表内，见表 2.3 所示，并将各零件标出统一代号。

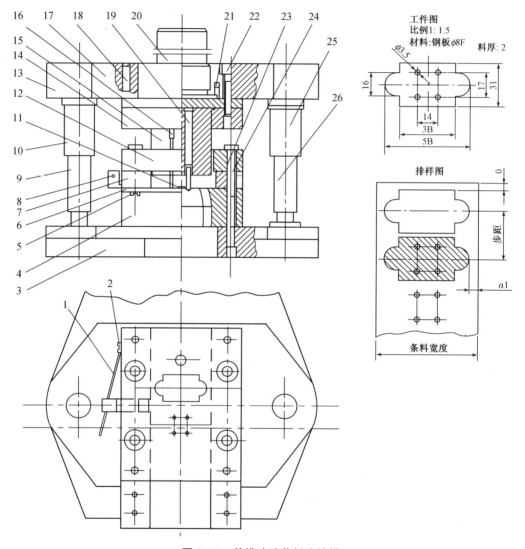

图 2.11　单排冲孔落料连续模

1—簧片;2—螺钉;3—下模座;4—凹模;5—螺钉;6—承导料;7—导料板;8—始用挡料销;9、26—导柱;10、25—导套;11—挡料钉;12—卸料板;13—上模座;14—凸模固定板;15—落料凸模;16—冲孔凸模;17—垫板;18—定位销;19—导正销;20—模柄;21—防转销;22—内六角螺钉;23—圆柱销;24—内六角螺钉。

表 2.3 零件明细表

序号	名 称	数量	材 料	热处理	标准件代号	备注	页次
1	簧片	1	65Mn				
2	螺钉	1	45	HRC40~45			
3	下模座	1	1	HT200			
4	凹模	1	T10A	HRC58~62			
5	螺钉	4	45	HRC40~45			
6	承导料	1	45				
7	导料板	2	45	HRC40~45			
8	始用挡料销	1	45				
9	导柱	2	20	渗碳 HRC56~60			
10	导套	2	20	渗碳 HRC5862			
11	挡料钉	1	45				
12	卸料板	1	Q235(A3)				
13	上模座	1	HT200				
14	凸模固定板	1	45				
15	落料凸模	1	T8A	HRC56~60			
16	冲孔凸模	1	T8A	HRC56~60			
17	垫板	1	45	HRC40~45			
18	定位销	1	45	HRC40~45			
19	导正销	1	45	HRC40~45			
20	模柄	1	Q235(A5)				
21	防转销	1	45	HRC40~45			
22	内六角螺钉 M12×70	10	45	HRC40~45			
23	圆柱销 12n6×100	6	45	HRC40~45			
24	内六角螺钉 M12×70	1	45	HRC40~45			

四、绘制非标准零件图

凸凹模、凹模、凸模固定板和卸料板四个零件图样,如图 2.12 至图 2.15 所示。

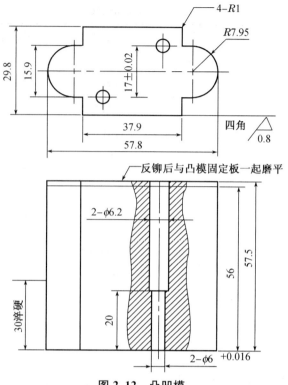

图 2.12 凸凹模

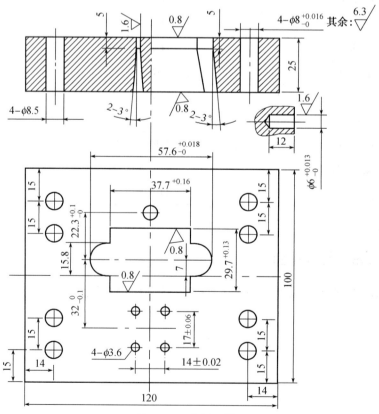

图 2.13 落料凹模

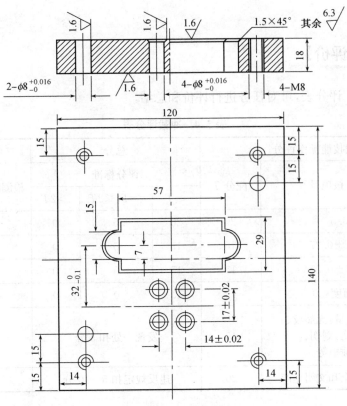

图 2.14 凸模固定板

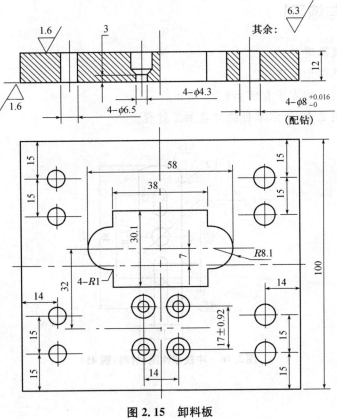

图 2.15 卸料板

— 23 —

【任务评价】

根据表 2.4 评分表,可对任务进行评价和总结。

表 2.4　冲裁评分表

序号	冲裁技能操作评分 考核项目	配分 T	总分 评分标准 $\leq T$	$> T, \leq 2T$	$> 2T$	检测结果	得分
1	$\phi 3.5_{0}^{+0.3}$	20	20	5	0		
2	14 ± 0.27	15	15	5	0		
3	17 ± 0.27	15	15	5	0		
4	平面度 < 0.5	15	15	0	0		
5	表面质量:无裂纹、夹伤、划伤、锤痕等	15	发现一处扣 3 分				
6	技术安全和文明生产	20	违反规定扣 5～10 分				

【思考与练习】

1. 简述冲裁原理。
2. 冲裁模间隙如何选择?
3. 降低冲裁力的方法有哪些?
4. 试分析图 2.16 所示零件的冲裁加工过程。

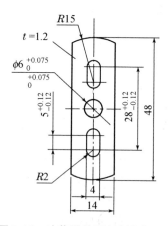

图 2.16　冲裁零件图(材料:钢 45)

项目 3

弯曲成形

任务 1 压 弯

【任务描述】

如图 3.1 所示,某型材零件牌号为 NTA44186(相当于 2024 - 0,δ 为 1.6 mm),用压弯成形的方式制作。

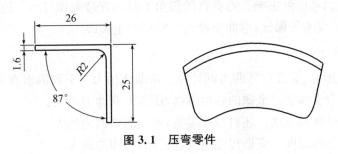

图 3.1 压弯零件

【知识准备】

一、弯曲成形概述

把平板毛坯、型材、管材等弯成一定的曲率、角度,从而形成一定形状的零件,这样的加工方法称为弯曲成形。目前飞机制造中常采用压弯、滚弯和拉弯等弯曲成形方法。

二、压弯

1. 概述

在板料上加压产生弯矩,使其弯曲成形的加工方法称为压弯。压弯成形时,材料的弯曲变形可以有自由弯形、接触弯形和校正弯形三种方式。如图 3.2 所示,在 V 形模上进行三种方式弯形的情况。如图 3.2(a)所示,材料变形时,仅与凸、凹模在三条线接触,弯形圆角半径 r_1 是自然形成的,这种弯形方式为自由弯形;如图 3.2(b)所示,材料弯形到直边与凹模表面平行,而且在长度 ab 上相互靠紧时,停止弯形,弯形件的角度等于模具的角度,而弯形圆角半径 r_2 仍是自然形成的,这种弯形方式为接触弯形;如图 3.2(c)所示,将材料弯形到与凸、凹模完全靠紧,弯形圆角半径 r_3 等于模具圆角半径 $r_凸$,这种弯形方式为校正弯形。自由弯形、接触弯形和校正弯形三种方式,是在材料弯形时的塑性变形阶段依次发生的。

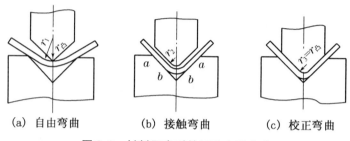

(a) 自由弯曲　　　(b) 接触弯曲　　　(c) 校正弯曲

图 3.2　材料压弯时的三种变形方式

2. 特点

压弯时材料产生外拉内压,中间有一层不受拉也不受压,称为中性层,弯曲变形受最小弯曲半径的限制和回弹影响。弯曲件的圆角半径不宜过大和过小。过大时因受回弹的影响,弯曲件的精度不易保证;弯曲半径过小时易产生裂纹。

3. 压弯力的计算

选用压弯机床时,需进行弯曲力的计算。弯曲作用力与下列因素有关:

(1)金属的力学性能。金属的强度越高,所需的弯曲力越大。

(2)坯料的厚度和宽度。坯料越厚越宽,所需的弯曲力越大。

(3)弯曲时变形程度。变形程度越大,所需的弯曲力越大。

(4)其他因素。如弯曲时有无压料装置,模具的间隙等对弯曲力的大小都有影响。

弯曲力的计算公式:

$$F = kBt\sigma_b \tag{3.1}$$

式中:F——一个弯角弯曲作用力,N;

　　　B——毛料宽度,mm;

　　　σ_b——抗拉强度极限,MPa;

　　　t——毛料厚度,mm;

　　　k——系数,取决于弯曲半径 R 与毛料厚度 t 之比,见表 3.1 所示。

表 3.1　系数 k 值确定

$\dfrac{R}{t}$	0.1	0.25	0.5	1.0	2.0	5.0	10.0
系数 k	0.55	0.48	0.4	0.3	0.2	0.10	0.06

三、弯曲时的回弹

弯曲时塑性变形与弹性变形同时存在,当外载荷去除后,弹性变形即消失,因而使工件尺寸与模具尺寸不一致,这种现象称为回弹。回弹一般以角度的变化来表示,当用大圆角半径弯曲时,除需求出回弹角外,还应求出弯曲半径的变化。

1. 影响回弹的主要因素

(1) 材料的力学性能。材料的屈服极限越高,弹性模数越小,加工硬化越激烈,则回弹越大。

(2) 相对弯曲半径 $\dfrac{R}{t}$。相对弯曲半径 $\dfrac{R}{t}$ 越大,材料回弹越小,反之,则回弹越大。

(3) 弯曲角 α。在弯曲半径一定时,弯曲角 α 越大,表示变形区的长度越大,回弹也越大。

(4) 其他因素。零件的形状、模具的结构、弯曲方式及弯曲力的大小、摩擦等,对弯曲件的回弹也有一定的影响。

2. 减小回弹的主要措施

(1) 根据计算或经验数据对弯曲模工作部分的形状做必要的修正。

(2) 利用弯曲坯料不同部位回弹方向不同的规律,适当调整各种影响因素(模具的圆角半径、间隙、开口宽度、校正力、压料力等),使相反方向的回弹相互抵消。

(3) 利用聚氨酯橡胶的软凹模代替金属的刚性凹模进行弯曲。

(4) 改变模具结构,如带摆动块、局部突起等。

四、压弯模

在用机床设备进行压弯时,往往需要配合弯曲模进行压弯成形。弯曲模的结构形式,根据弯曲件的形状、精度要求及生产批量等进行选择,最简单而且常用的是无导向装置(利用压床导向)的单工序压弯模。这种压弯模可以整体铸造后加工制成,如图 3.3(a)(b)所示,也可以利用型钢焊制,如图 3.3(c)(d)所示,或由若干零件组合、装配而成。

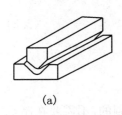
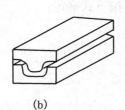
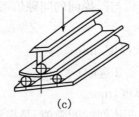
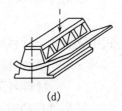

　　(a)　　　　　　　　(b)　　　　　　　　(c)　　　　　　　　(d)

图 3.3　压弯模结构形式

压弯模具工作部分的结构形状如图 3.4 所示。凸模的圆角半径 $r_凸$ 和角度,根据弯形件的内圆角半径,用回弹值修正后确定。凹模非工作圆角半径 $r'_凹$,应取小于弯形件相应部分的外圆角半径($r_凸 + t$)。其他尺寸见表 3.2 所示。

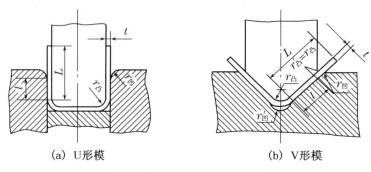

(a) U 形模   (b) V 形模

图 3.4 压弯模工作部分结构

表 3.2 弯曲件工作部分尺寸及系数/mm

L	板厚 t											
	0.5			0.5～2			2～4			4～7		
	l	$r_凹$	c	l	$r_凹$	c	l	$r_凹$	c	l	$r_凹$	c
10	6	3	0.1	10	3	0.1	10	4	0.08			
20	8	3	0.1	12	4	0.1	15	5	0.08	20	8	0.06
35	12	4	0.15	15	5	0.1	20	6	0.08	25	8	0.06
50	15	5	0.2	20	6	0.15	25	8	0.1	30	10	0.08
75	20	6	0.2	25	8	0.15	30	10	0.1	35	12	0.1
100				30	10	0.15	35	12	0.1	40	15	0.1
150				35	12	0.2	40	15	0.15	50	20	0.1
200				45	15	0.2	50	20	0.15	65	25	0.15

U 形件弯形时,凸模与凹模间的间隙值可按下式确定:

$$Z = t_{max} + ct \tag{3.2}$$

式中:t_{max}——材料最大厚度,mm;

$\quad\quad c$——系数,按表 3.2 选取;

$\quad\quad t$——材料名义厚度,mm。

V 形件弯曲时,凸凹模间的间隙值,是靠调整压床闭合高度来控制的,不需要在制造模具时确定。

五、压弯的方式

1. 折弯机弯曲

折弯机主要用来弯曲简单的直线零件,按加工方法来分,折弯机有普通折弯机和数控折弯机两种。

(1)普通折弯机。普通折弯机按传动方式分为机动折弯机和手动折弯机两种。手动折弯机如图 3.5 所示。

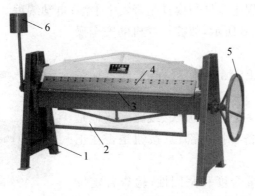

图 3.5　手动折弯机

1—支柱；2—折板；3—下台面；4—上台面；5—手柄传动机构；6—平衡配重。

折弯机的工作部分是固定在台面和折板上的镶条，其安装情况如图 3.6 所示。上台面和折板的镶条一般是成套的，具有不同的角度和弯曲半径，可根据需要选用。

折弯机的操作过程如下：

① 将选好的镶条装在台面和折板上，如果所弯制零件的弯曲半径比现有镶条稍大时，可加特种垫板，如图 3.7 所示，这样工作时，垫板要垫在坯料的下边。

② 下降上台面，翻起折板至 90°角，调整折板与台面间的间隙，以适应材料厚度和弯曲半径，为避免弯折时擦伤毛料，间隙应稍大些。

③ 退回折板，升起台面，放入的坯料靠紧后挡板。若弯折较窄的零件或不用挡板时，毛料的弯折线应对准台面镶条的外缘线。

④ 下降上台面，压住坯料。

⑤ 翻转折板，弯折至要求角度。为得到尺寸准确的零件，应注意回弹，必须很好地控制弯折角度。

⑥ 退回折板，升起上台面，取下零件。

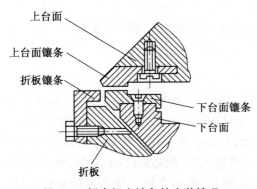

图 3.6　折弯机上镶条的安装情况

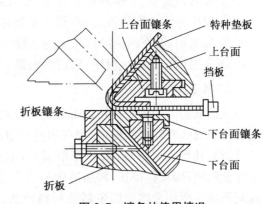

图 3.7　镶条的使用情况

（2）数控折弯机。使用数控折弯机可比普通折弯机节约 20%～70% 的加工成本，经济效果十分显著。比较先进的数控系统一般都具有以下主要功能：彩色图形显示，并能预先显示每一折弯工序的折弯过程；自动绘制折弯零件的毛料展开图；确定最优折弯顺序；

选择模具;判断折弯过程中零件与模具是否发生干涉;自动编程。

数控折弯机如图 3.8 所示,数控折弯机的安全操作规程如下:

① 严格遵守机床工安全操作规程,按规定穿戴好劳动防护用品。

② 启动前须认真检查电机、开关、线路和接地是否正常和牢固,检查设备各操纵部位、按钮是否在正确位置。

③ 检查上下模的重合度和坚固性;检查各定位装置是否符合被加工的要求。

④ 在上滑板和各定位轴均未在原点的状态时,运行回原点程序。

图 3.8 数控折弯机

⑤ 设备启动后空运转 1~2 分钟,上滑板满行程运动 2~3 次,如发现有不正常声音或有故障时应立即停车,将故障排除,一切正常后方可工作。

⑥ 工作时应由一人统一指挥,使操作人员与送料压制人员密切配合,确保配合人员均在安全位置方准发出折弯信号。

⑦ 板料折弯时必须压实,以防在折弯时板料翘起伤人。

⑧ 调板料压模时必须切断电源,停止运转后进行。

⑨ 在改变可变下模的开口时,不允许有任何料与下模接触。

⑩ 机床工作时,机床后部不允许站人。

⑪ 严禁单独在一端处压折板料。

⑫ 运转时发现工件或模具不正,应停车校正,严禁运转中用手校正以防伤手。

⑬ 禁止折超厚的铁板或淬过火的钢板、高级合金钢、方钢和超过板料折弯机性能的板料,以免损坏机床。

⑭ 经常检查上、下模具的重合度,压力表的指示是否符合规定。

⑮ 发生异常立即停机,检查原因并及时排除。

⑯ 关机前,要在两侧油缸下方的下模上放置木块将上滑板下降到木块上。

⑰ 先退出控制系统程序,后切断电源。

2. 闸压床弯曲

飞机框肋上的缘条和长桁都是用型材弯曲而成的。一般采用挤压型材,当缺乏适合的挤压型材或在轻型结构中,也可用板弯型材。型材的显著特点是窄而长,断面形状有 V 形、U 形、几形和 Z 形等,除 V 形断面外,都包含两个或更多弯角。板弯型材须经多次压弯才能制成,因坯料很长,普通冲床不能适应压弯成形需要,而必须使用专用的闸压床,因而闸压床主要用来将金属条料或板料弯曲成各种型材,最适合加工窄而长的直线零件。闸压床可弯成的各种零件断面如图 3.9 所示。

闸压属于自由弯曲。将板料放在开有 V 形槽的凹模上,由 V 形凸模压向坯料,如图 3.10 所示。随着凸模下降,坯料弯成一定的角度,并形成一定的弯曲半径。弯角大小取决于凸模进入凹模的深度,准确地调节凸模的行程,便可弯出不同的弯角。自由弯曲的回

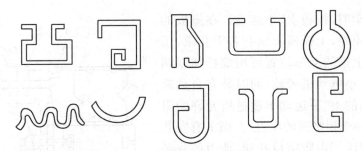

图 3.9　用闸压床弯曲的各种零件断面

弹很大,闸压弯曲时,可通过"过弯"来加以修正,先将角度弯小一些,卸载后经过回弹,获得所需弯角。"过弯"量须经过试压确定。

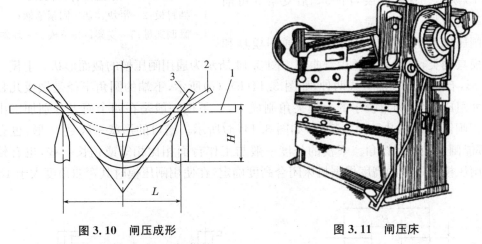

图 3.10　闸压成形

1—弯曲前;2—弯曲后;3—卸载后。

图 3.11　闸压床

闸压床的种类很多,但主要有两大类,即机械双曲轴式和液压式。闸压床如图 3.11 所示,工作台一般由整块钢板制成埋入地下,以保证在最大工作压力下变形量小。当工作时拖板上、下运动好像闸门一样起落,故称闸压床。其传动原理如图 3.12 所示。

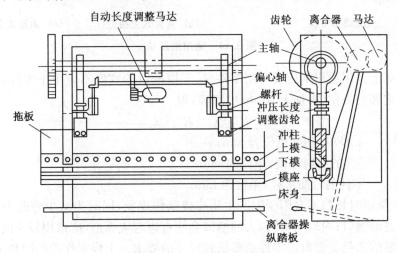

图 3.12　闸压床传动原理

当主轴转动时,拖板上、下运动。在拖板的下端固定有上模座,上模座上钻有若干孔眼,用以安装上模。上模的上下位置可用螺杆加以调整,螺杆用一个小电动机带动,同时装有自动断电开关,使上模的上、下运动不超过所允许的限度。闸压床有一个很坚固的床身,台面上有安装下模的槽子,闸压床由脚踏板开动,动力部分是电动机,在电动机与主轴之间装有离合器,每踏一次踏板,上模上、下运动一次。为便于工作时坯料定位,在工作台后边装有挡料机构,结构如图 3.13 所示。根据需要,滑块 2 沿支架 5 可前后移动,挡料 1 还可微调。

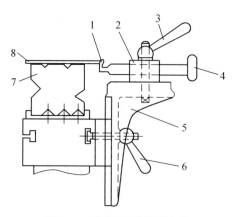

图 3.13　闸压床的挡料机构

1—挡料板;2—滑块;3,6—固紧笔柄;
4—微调螺母;5—支架;7—下模;8—坯料。

闸压床上用的弯曲模具可分为通用模具和专用模具两类,通常采用通用弯曲模。图 3.14 所示为通用闸压模的截面形状。上模一般是 V 形,有直臂式和曲臂式两种,如图 3.14(b)、(c)所示,下端的圆角半径是做成几种固定尺寸组成一套,圆角较小的上模夹角制成 15°。下模一般是在四个面上分别加工出适应机床闸制零件的几种固定槽口,如图 3.14(a)所示。槽口的形状一般是 V 形,也有 U 形,都能闸制钝角和锐角。下模的长度一般与工作台面相比相等或稍长一些,也有较短的。闸压模上下模的高度根据机床闭合高度确定,在使用闸压模时其弯曲角度大于 18°。

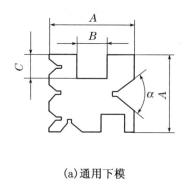　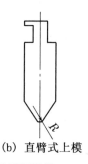　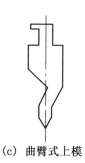

　　(a)通用下模　　　　　　　(b) 直臂式上模　　　　　(c) 曲臂式上模

图 3.14　通用闸压模

在闸压床上选用通用闸压模弯制零件时,下模槽口的宽度不应小于零件的弯曲半径与材料厚度之和的 2 倍,再加上 2 mm 的间隙,即

$$B > 2(t+R)+2 \qquad\qquad (3.3)$$

式中:B——下模口宽度,单位为 mm;

　　　t——零件的材料厚度,单位为 mm;

　　　R——零件的弯曲半径,单位为 mm。

这样,在闸制时坯料不会因受阻产生压痕或刮伤现象,同时为减少弯曲力,对硬的材料应选用较宽的槽口;对软的材料,大的槽口会使直边弯成弧形,应选用较小的槽口。

对于上模的选择也需根据零件的形状和尺寸的要求。上模工作端的圆角半径应略小于零件的弯曲半径;一般采用直臂式上模,而当直臂式上模挡碍时应换成曲臂式上模。

液压式闸压床与一般闸压床的不同点是液压传动代替了曲轴传动,由于液压系统能在整个行程中对板料施加全力,过载时自动保护,易于实现自动控制,因此,液压式闸压床是现代最常用的闸压床。闸压床操作过程如下。

(1) 开车前检查各部分工作是否正常,发现问题及时修理,特别要仔细检查脚踏板(离合器)是否灵活好用,如发现连续冲击绝不允许使用。

(2) 将拖板下降至最低位置,调整拖板的最低点到工作台面的垂直距离即闭合高度,闭合高度比模具总高度高 30～50 mm。

(3) 升起拖板,安装上模和下模。一般是先把下模放在工作台上,然后下降拖板再装上模。在安装上模时,要保持两端平行,从拖板固定槽的一端,一边活动一边往里推至拖板中间位置,使机床受力均衡,并用螺钉紧固,如图 3.15 所示。

(4) 开动拖板的调整机构,使上模进入下模槽口,并移动下模,使上模的中心线对正下模槽口的中心线,将下模固定,如图 3.16 所示。

(5) 升起拖板,按弯曲尺寸调整挡料板,如图 3.13 所示。

(6) 按要求调整弯曲角度。弯曲角度只需调整上模进入下模的深度,就很容易达到要求。一般先用废料调试,调好后再正式进行弯曲工作。

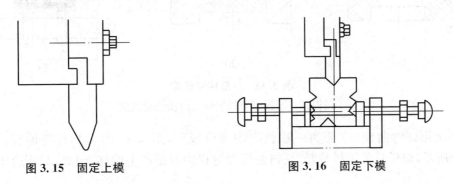

图 3.15 固定上模   图 3.16 固定下模

3. 冲压弯曲

冲压弯曲是用弯曲模在冲床上进行弯曲工作。飞机上冲压弯曲的零件很多,如连接角片、卡箍及各种支架等。弯曲件种类繁多,为了适应不同的弯曲成形需要,弯曲模的形式也是多种多样的。下面介绍一些常见且比较典型的弯曲模结构。

(1) V 形件弯曲模。图 3.17(a)所示为简单的 V 形件弯曲模,其特点是结构简单、通用性好,但弯曲时坯料容易偏移,影响工件精度。

图 3.17(b)～(d)所示分别为带有定位尖、顶杆、V 形顶板的模具结构,可以防止坯料滑动,提高工件精度。

(2) U 形件弯曲模。根据弯曲件的要求,常用的 U 形件弯曲模是如图 3.18 所示的几种常用结构形式。图 3.18(a)所示为无底凹模,用于底部不要求平整的制件。图 3.18(b)所示结构用于底部要求平整的弯曲件。图 3.18(c)所示结构用于料厚公差较大而外侧尺寸要求较高的弯曲件,其凸模为活动结构,可随料厚自动调整凸模横向尺寸。

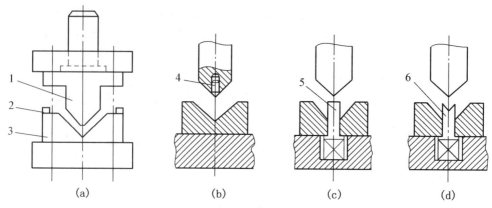

图 3.17 V 形件弯曲模的一般结构形式

1—凸模；2—定位板；3—凹模；4—定位尖；5—顶杆；6—V 形顶板。

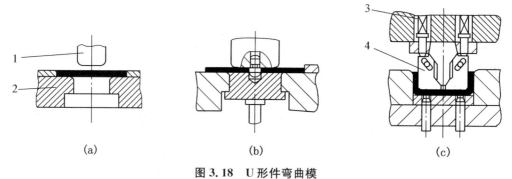

图 3.18 U 形件弯曲模

1—凸模；2—凹模；3—弹簧；4—凸模活动镶块。

（3）Z 形件弯曲模。Z 形件一次性弯曲即可成形，图 3.19 为 Z 形件弯曲模。如图 3.19（a）所示，该模具无压料装置，坯料在压弯过程中容易产生偏移，因此，只适合于要求

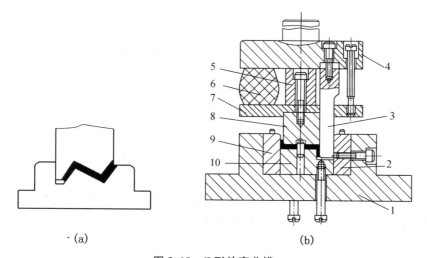

图 3.19 Z 形件弯曲模

1—下模座；2—反侧压块；3—凸模；4—上模座；5—压块；6—橡皮；7—凸模托板；
8—活动凸模；9—凹模；10—顶块。

不高的零件。图 3.19(b)所示的模具为活动式 Z 形件弯曲模。在冲压前,压块 5 在橡胶 6 的作用下与凸模托板 7 端面齐平,这时压块 5 与上模座分离。同时顶块 10 在顶料装置的作用下处于与下模座持平的初始位置,坯料由定位销定位。弯曲时,上模座下压,活动凸模 8 与顶块 10 将坯料夹紧,由于橡胶的弹力大于顶块 10 上顶料装置的弹力,坯料随活动凸模 8 与顶块 10 下行,先完成左端弯曲。当顶块 10 向下运动到与下模座 1 相接触时,橡胶 6 开始压缩,活动凸模 8 静止,使凸模 3 相对于压块 5 产生向下的相对运动,从而完成坯料右端的弯曲。当压块 5 与上模座 4 相接触时,制件得到校正。

4. 自动弯曲机上的弯曲成形

对于薄带料、线材需经多次弯曲成形的小零件,批量又很大时,如果采用一般的模具在通用压力机上加工很不方便,有的甚至很困难。而采用多滑块自动弯曲机配上相应的简单模具,可以完成各种复杂零件的弯曲成形,整个生产过程除了上料和装模、调整需人工进行外,其余均由机床进行连续自动化生产,因而生产效率很高。此外,由于自动弯曲机具有较高的送料精度(可达±0.05 mm),因此,加工零件的一致性很好。在自动弯曲机上工作时,料宽常常等于零件展开宽度。送料进距常常等于零件的展开长度。排样一般不留搭边,无废料,材料的利用率高,因而是一种十分先进的加工方法。

5. 液压机

液压机是利用液体作为介质传递动力,根据所用的介质不同,分为油压机和水压机两种。液压机的结构形式,有柱式和悬臂式。图 3.20 为典型的柱式水压机。水压机的下面是一个坚固的不动横梁 1,通过四根导向钢柱 2 与上横梁 5 连接固定。工作缸 6 和提升缸 7 形成一体装在横梁 5 上。工作缸中的活塞 4 和提升缸的活塞 9,分别由于可动横梁 3 和上横板 10 相连,而可动横梁 3 又通过两个拉杆 8 与上横板 10 连接,并沿导向钢柱 2 上下滑动。

悬臂式水压机典型结构如图 3.21 所示。由床身 1 和底座 4 等组成。床身上有工作缸 8 和活塞 7,活塞 7 的下部是压力头 6,用于装夹和固定上模。床身的侧面装有压力表 2 和操纵器 3。底座上有一个工作台 5,用以安装下模和放置零件。床身 1 上还装有悬臂吊杆 9,便于吊运工件。

使用液压机时,要注意液体介质的清洁,并需要定期更换。工作中有长时间间歇时需停泵,以免液体介质发热及出气泡,并能节省电能。导向钢柱不得磕破划伤,并应经常注油润滑。发现泄漏时,应及时修理。

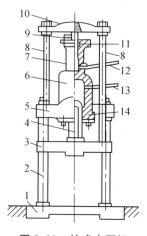

图 3.20　柱式水压机

1—不动横梁;2—导向钢柱;3—可动横梁;4,9—活塞;5—上横梁;6,14—工作缸;7—提升缸;8—拉杆;10—上横板;11—密封圈;12,13—管路。

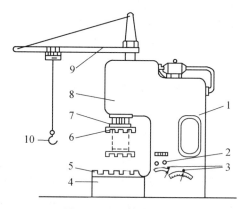

图 3.21　悬臂式水压机

1—床身;2—压力表;3—操纵器;4—底座;5—工作台;6—压力头;7—活塞;8—工作缸;9—悬臂吊杆;10—吊钩。

六、型材压弯成形技术

1. 工艺要求

型材零件的弯曲适用于一些外形尺寸和曲率半径都较小的零件,或者是外形尺寸虽然较大,但只是局部弯曲的零件。还有一类是大截面异形型材的弯曲成形,也是借用液压机来完成的,一般情况下都使用专用模具。通常型材弯曲半径比较大,故可按中性层通过型材断面重心来计算坯料长度。压弯时材料外侧受拉应力,内侧受压应力,使型材断面发生畸变,如图 3.22 所示。弯曲变形受弯曲半径的限制和回弹的影响。

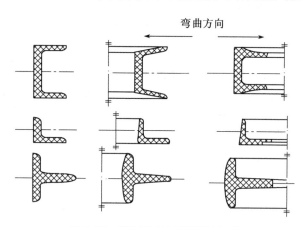

图 3.22　型材弯曲时的断面变形

2. 成形方法及特点

(1) 成形方法

① 多次成形法。对有些曲率较大的零件,一套模具很难保证零件的加工完成。有时需要一套或几套过渡模具进行初步成形,然后再在最终的模具上成形。

② 曲率平缓型材的弯曲成形。液压机除了可借助专用模具压制下陷和弯曲成形外,对一些截面尺寸较大但曲率较为平缓的零件,可采用将带有型面的支撑块或垫块放置在机床台面上进行"三点式"或"四点式",压制成形,如图 3.23 所示。支撑块间的距离根据零件弯曲的曲率大小自行确定。在压制过程中不断对照检验工装,反复压制直到符合要求为止。

③ 复杂零件的弯曲成形。在压制某些复杂零件过程中,压力一般是先轻后重,对难以变形部位还需要进行适当的手工预成形,如图 3.24 所示。其基本过程为:手工预成形→机床压制→手工修正和校形→再次机床压制。如此反复进行,直至达到要求(越复杂的零件,交替进行成形的次数应该越多。在其成形过程中,可视具体情况安排中间退火工序,消除冷作硬化,便于继续进行弯曲成形)。

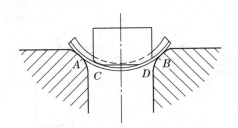

图 3.23　"四点式"压弯成形

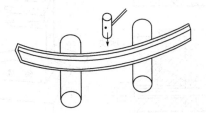

图 3.24　手工预成形

(2) 成形工艺特点

① 对角形型材之类不对称零件,为防止零件断面畸变和扭转应尽量靠背压弯,并用夹具夹紧,如图 3.25 所示。

② 坯料与上模之间要垫 0.8～1.2 mm 的铝板,如图 3.26 所示,防止将零件表面压伤。

③ 压弯次数根据零件具体情况确定,一般是先轻后重,对难变形处还需必要的手工成形。图 3.27 所示 S 形零件,放边的弯曲度需手工预成形,然后压弯收边弯曲度并对放边弯曲度校形。

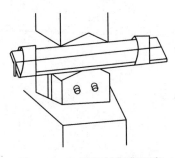

图 3.25　L 形型材靠背压弯

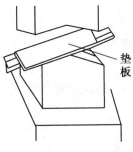

图 3.26　坯料上垫铝板

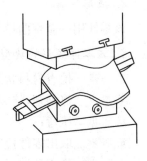

图 3.27　S 形零件的压弯

④ 模具安放要对中防止偏载,模具或垫铁与台面或滑块接触面不能太小,防止接触应力过大损坏机床。

⑤ 对于带有空腔的零件,其内部需放置填充物,主要在弯曲部位填充,填充物通常为铝条和锡条。

⑥ 对有直边型材零件的压弯,模具应有顶块,否则直边上表面产生塌陷,如图 3.28 所示。

⑦ 对零件上有两个以上的折弯,应按样板分次划线,依次压出,以防压偏造成废品,如图 3.29 所示。

⑧ 成形变薄量。当型材弯曲半径 R 小于或等于被拉伸缘条宽度 a 的 6 倍时,如图 3.30 所示,在弯曲区允许:

Ⅰ. 材料的变薄量为材料公称厚度的 30%。

Ⅱ. 缘条宽度 a 的减少量为 10%。

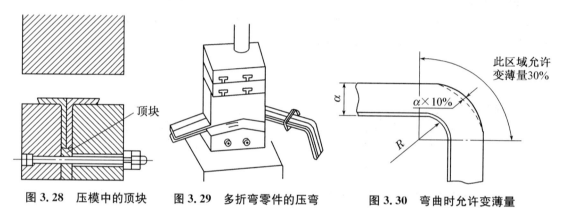

图 3.28　压模中的顶块　　图 3.29　多折弯零件的压弯　　图 3.30　弯曲时允许变薄量

 【任务实施】

一、工艺分析

1. 成形方式

零件成形所要求的相对弯曲半径($R/a=1.6$)较小,所以该零件选用压弯方式成形。

2. 成形模具

该零件用一套弯曲模。

3. 该零件成形的典型工艺流程

第一步　检查材料状态;

第二步　热处理,将 20240-0 热处理至 2024-T42 状态;

第三步　压弯;

第四步　取出零件检查;

第五步　修正和校形;

第六步　铣切零件外形；

第七步　修正和校形；

第八步　人工时效；

第九步　表面处理；

第十步　交检。

二、压弯成形装备

生产上使用的液压机通常为 63t、100t 以及 160t 三种单柱校正压装液压机。其主要技术参数见表 3.3 所示。

表 3.3　三种单柱校正压装液压机技术参数

型　号 参　数	63 t 单柱校正压装 液压机	100 t 单柱校正压装 液压机	160 t 单柱校正压装 液压机
公称压力/kN	63×9.8	100×9.8	160×9.8
柱塞最大行程/mm	350	350	500
压头至工作台面最大距离/mm	700	660	1 000
工作台面尺寸	1 500×1 500	1 200×600	800×630
柱塞下行速度/(mm/s)	12	12	20
柱塞工作速度/(mm/s)	2.3	3.6	5
柱塞回程速度/(mm/s)	60	60	80

三、压弯基本操作过程

第一步　接到零件加工任务后，在液压成形前要进行三对照(工艺文件、工装模具、零件材料)。

第二步　按工艺文件、图样，检查零件坯料规格、状态是否相符。

第三步　借出工艺文件所规定的模具。模具表面无锈蚀，光滑完好。

第四步　按照工装下陷和弯曲的要求，在零件坯料上用铅笔划出下陷和弯曲成形的位置及标记。

第五步　检查机床各部位运转是否正常，尤其操纵手柄是否灵活，发现故障要及时通知机床维护人员进行排故。

第六步　将专用成形模具放在通用模座中，并将其放置在机床台面的中间(即液压机柱头正下方)，切记防止偏载。

第七步　放入零件坯料，与模具的下模成形部分相吻合后，再放入上模并拧动模座上的螺杆，必须夹紧成形模具。

第八步　启动机床，压力柱头慢速下行。

第九步　根据零件曲率半径的大小、材料厚度调整工作压力。调压时上、下模应合模并在加载情况下进行，同时依据第一件试压的情况修正压力值。

第十步 操纵手柄,使柱头上升并停在原始位置。

第十一步 取出被压坯料,按工装检查下陷和弯曲成形质量。如不符合,划出不符之处,再次重复压制,直到与工装符合为止。

 【任务评价】

根据表3.4评分表,可对任务进行评价和总结。

表 3.4 压弯评分表

压弯技能操作评分			总分				
序号	考核项目	配分 T	评分标准			检测结果	得分
			$\leqslant T$	$>T,\leqslant 2T$	$>2T$		
1	25 ± 0.5 mm	15	20	5	0		
2	$R2\pm0.5$ mm	15	10	5	0		
3	$87°\pm30'$	15	15	5	0		
4	平面度<0.5 mm	15	15	0	0		
5	表面质量:无表面压伤,直边上表面塌肩等	20	发现一处扣2分				
6	技术安全和文明生产	20	违反规定扣5~10分				

 【思考与练习】

1. 什么是机械弯曲?飞机制造中常用机械弯曲的方法有哪些?

2. 什么叫压弯?常用的压弯设备有哪几种?

任务 2 滚 弯

 【任务描述】

如图3.31所示,按图样尺寸用柱面滚弯加工的方法制作工件。

1. 用卡形样板测量圆度,间隙最大值应小于1 mm。

2. 不得出现歪扭现象。

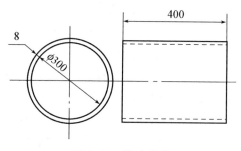

图 3.31 滚弯零件

【知识准备】

一、滚弯的概述

通过旋转的滚轴,使坯料弯曲的方法叫滚弯,如图 3.32 所示。滚弯的实质是连续不断的弯曲,滚弯适用于板材,如飞机上单曲度蒙皮,以及型材和管材的弯曲。

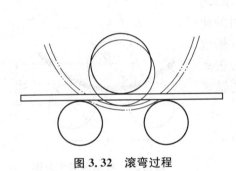

图 3.32 滚弯过程

图 3.33 三轴滚弯机

1—上滚轮;2—下滚轮;3—手轮;4—导轮。

二、滚弯设备

滚弯机的类型有三轴滚弯机、四轴滚弯机和多轴滚弯机。三轴滚弯机,如图 3.33 所示,可分为对称式和不对称式两类。对称式三轴滚弯机的特点是中间的上轴辊位于两个侧下辊的中心线上,如图 3.34(a)所示,结构简单、应用普遍。其主要缺点是弯曲件两端有较长的一段长度,位于弯曲变形区以外,在滚弯后称为直边。因此,为使板料全部弯曲,要采用特殊的工艺措施。

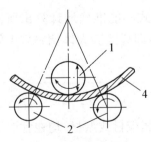

(a) 对称式三轴滚弯机

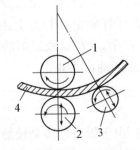

(b) 不对称式三轴滚弯机

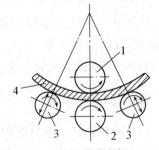

(c) 四轴滚弯机

图 3.34 滚弯机轴辊分布和运动方向

1—上轴辊;2、3—下辊;4—板料。

不对称式三轴滚弯机,其轴辊的布置是不对称的,上轴辊位于两下辊之上,而向一侧偏移,如图 3.34(b)所示。这样,就使板料的一端边缘也能得到弯曲,剩余直边的长度极短。如在滚制完板料一端后,将板料从滚弯机上取出调头,再放入进行弯曲,就可使板料全部得到弯曲。这种滚弯机的缺点是由于支点距离不相等,滚弯时轴辊受力很大,易产生弯曲,影响滚弯精度,而且弯曲过程中的板料调头也增加了操作程序。

四轴滚弯机相当于在对称式三轴滚弯机的基础上,又增加了一个中间下辊,如图 3.34(c)所示。这样既能使板料全部弯曲,又避免了板料在不对称三轴滚弯机上,需进行调头滚弯的麻烦。它的主要缺点是结构复杂、造价高,因此,应用不太普遍。

三、滚弯基本原理

板料滚弯时,坯料在滚轴作用力和摩擦力的连续加载下,通过轴辊产生塑性弯曲变形。如图 3.35 所示,坯料经滚弯后所要求得到的曲率半径 R 是由滚弯时的曲率半径 R_0 经过卸载回弹后而获得的。因 R_0 与三轴辊的相对位置有关,R 也就取决于三个轴辊的相对位置和坯料的力学性能及厚度。滚弯时曲率半径 R_0 与轴辊之间的关系,可表示为

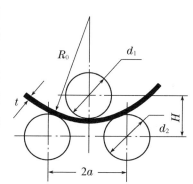

$$\left(\frac{d_2}{2}+t+R_0\right)^2=a^2+\left(H+R_0-\frac{d_1}{2}\right) \tag{3.4}$$

图 3.35 板材滚弯示意图

式中:t——材料厚度;

R_0——滚弯时零件的曲率半径;

d_1,d_2——分别为上、下轴辊的半径;

a——两下轴辊之间的半间距;

H——上、下轴辊之间的相对距离。

两个轴辊之间的半间距 a 和上、下轴辊之间的相对距离 H 均为可调变量。为了滚弯后获得要求的曲率半径 R,需要调整 a 或 H,但调节 H 要比改变 a 值更为方便。H 值可按下式求得

$$H=\frac{d_1}{2}-R_0+\left[\left(R_0+\frac{d_2}{2}+t\right)^2-a^2\right]^{\frac{1}{2}} \tag{3.5}$$

由于板料的回弹量事先难以计算确定,因此,上述关系式不能准确地计算出所需的 H 值来,仅供初卷参考。实际生产中,大都采取试测的方法,即凭经验大体调整好上轴辊的位置后,逐渐试卷直到合乎要求的曲度为止。

四、滚弯的特点

(1) 通用性好。板材滚弯时,由于钣金件多是较薄的金属板材或型材,均在常温下通过塑性变形滚弯成形,滚弯时不须加热,且一般不用在滚弯机上附加工艺装配。型材滚弯时,只须附加适于不同剖面形状、尺寸的滚轮。

(2) 零件的回弹可通过调整滚轮(滚轴)位置的方法加以补偿。

（3）滚弯机床结构简单,使用和维护方便。

（4）滚弯成形效率较低,且精度不高。

五、板材滚弯成形

1. 等曲率滚弯成形

等曲度零件即圆筒形零件,是滚弯成形中最简单的一种。在滚制工件前,应先检查滚弯机上、下轴辊是否平行,如不平行,则要进行调整。当采用对称式三轴滚弯机滚弯时,通常采用以下两种措施消除工件的直边段。

（1）板料两端预弯。板料两端预弯时,可利用模具在压力机上进行,如图3.36所示。当板料较薄时,也可以手工预弯,或者用一块已经完成适当曲率的垫板,在三轴滚弯机上对板料预弯,如图3.37所示,垫板厚度应大于工件板厚的两倍。

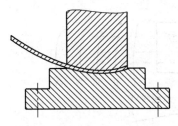 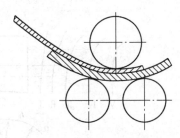

图3.36 在压力机上预弯板料端部　　　图3.37 在滚弯机上预弯板料端部

（2）板料两端留余量。下料时,在板料两端留稍大于直边长度的余量,待滚弯后再割去,但割下的余量如不能使用,则会造成材料的浪费。

（3）为使滚弯件不出现歪扭现象,板料放入滚床后,要找正位置。在三轴滚弯机上可利用挡板或轴辊上的定位槽找正,还可以用目测或直角尺找正。在四轴滚弯机上找正时,可调节侧辊,使板边紧靠侧辊对准。

（4）调节轴辊间的距离,以控制滚弯件的曲率。由于弯曲回弹等因素的影响,往往不能一次调节,滚压就可使坯料获得指定的曲率。通常是先凭经验初步调节好轴辊间的距离,然后滚压一段并用样板测量。根据测量结果,对轴辊间的距离做进一步调整,再滚压、测量,如此数次,直至工件曲率符合要求为止。

（5）较大的工件滚弯时,为避免其自重引起的附加变形,应将板料分为三个区域,先滚压两侧区,再滚压中间区。

（6）滚压前,应将轴辊和板料表面清理干净,还要将板料上气割留下的残渣和焊接留下的疤痕铲去、磨平,以免碰伤工件和轴辊。

2. 变曲率滚弯成形

在滚弯过程中,三根轴辊保持相互平行,并随时改变上轴辊的上下位置,就可弯卷出变曲率零件。上轴辊随时改变的量,虽有指示器表示,但也难控制。因此,有的滚弯机上装有靠模装置,在滚弯过程中,上轴辊依靠模上下移动。采用靠模时,只要靠模做得准确,就能卷制出合乎要求的曲度。但因靠模制造的误差和传动机构的误差,尽管这些误差可以通过调整机构进行修正,却很难消除。尤其是在生产批量较小时,调整靠模时间过长,不合算;另外,在滚弯同一批零件时,由于毛料厚度及材料硬度上的差异,使滚弯的曲度大小不一,较厚或较软的毛料,滚弯的曲度就大些,反之就小些,毛料厚度越大,这种现象越突出。因此,有的工厂不采用靠模滚弯。

不采用靠模滚弯变曲率零件,一般采用的方法是把零件近似地看作由几个不同半径 R 组成的,按半径 R 分段、分次滚弯,即曲率由小往大逐次卷成,如图 3.38 所示。滚弯时,首先以 R_1 调整上轴辊的位置,毛料从 a 端滚弯到 f 端,使 ef 段曲度符合要求;然后以 R_2 调整上轴辊,从 a 端滚弯到 e 处,使 de 段的曲率符合要求。当上轴辊接近 e 点时,缓慢适量地上升,使曲度圆滑过渡,以防 R_1 和 R_2 间出现棱角。依次从 a 到 d、从 a 到 c、从 a 到 b 来完成全部滚弯工序 Ⅰ,Ⅱ,Ⅲ,Ⅳ 和 Ⅴ。批量生产时,为提高效率,全批零件的工序 Ⅰ 都完成后,再进行工序 Ⅱ。在各个工序中,最好每个零件都进行检查,检查时采用样板或模胎。

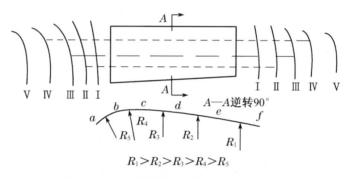

$$R_1 > R_2 > R_3 > R_4 > R_5$$

图 3.38 不用靠模滚弯变曲率零件示意图

3. 锥台形滚弯成形

从理论上讲,在滚弯过程中两根下轴辊保持平行,上轴辊倾斜不上下移动(或两根下轴辊成一定角度,上轴辊水平不上下移动),可滚弯制出等曲率的锥形零件。上轴辊在滚弯过程中如连续做上下移动,则可制成变曲率的锥形零件。实际上,还必须使坯料两端在轴辊间送给的速度不同,才能滚弯出符合要求的等曲率或变曲率的锥形零件。因为这种零件,如图 3.39 所示的两端的曲率不同,展开长度也不同,因此,在滚弯时,要求两端有不同的滚弯速度。曲率大的 B 端速度应慢些,曲度小的 A 端速度应快些。在滚弯时板料同时承受三根轴辊的滚压,轴辊一般是圆柱形,所以根本不可能同时得到几种不同的速度,从而易出现弯曲线与坯料等百分比线不重合而产生的扭曲弯形。为解决这一问题可采用分段滚弯,即将坯料分段送进机床,具体步骤是先按样板在坯料的内表面的两边划出百分比线,如图 3.40 所示,然后将上轴辊对正百分比线,如图中 $a-a'$,使轴辊在等百分比线的前后两个区间内滚动;再由手工调整坯料,使上轴辊对正 $b-b'$,重复上述操作,逐段滚弯,直至最后获得所需零件。

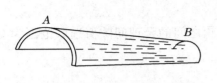

图 3.39　典型锥形零件

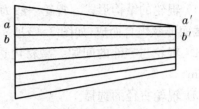

图 3.40　坯料等百分比线

六、型材滚弯成形

1. 概述

型材滚弯成形工艺常用于飞机机身结构框的制造过程。型材四轴滚弯机(简称"四轴辊")是型材滚弯成形的专用设备。型材从四个同步旋转的辊轮间通过,在辊轮作用力和摩擦力的作用下,向前推进并产生弯曲变形,如图 3.41 所示。四轴型材滚弯成形适合于大曲率半径、截面形状简单的型材零件成形,最适合等曲率、对称截面型材的成形。

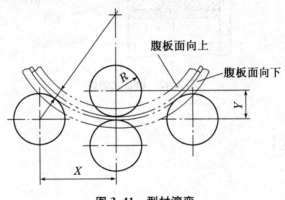

图 3.41　型材滚弯

2. 型材滚弯成形工艺要点及对策

(1) 型材绕纵轴扭转,产生歪扭畸变。对于非对称截面型材而言,由于型材截面承受弯曲合力的作用点偏离型材零件形心垂面,从而导致零件扭曲。改变这种情况的对策如下。

① 在型材滚弯机上增加侧挡装置,使型材受控在一个平面内弯曲。

② 若有可能,采用组合滚弯成形,将非对称截面成对组合为对称截面。

(2) 型材形状及角度畸变。滚弯过程中,型材各部位受力不均和板料各向异性导致这种畸变。改变这种情况的对策如下。

① 提高机床刚性及辊轮质量。

② 限制型材缘板变形。

3. 型材滚弯工艺装备

辊轮是与零件直接接触的成形工装,而型材四轴滚弯机需要四套辊轮,两套弯曲辊轮、两套导向辊轮。对于不同的型材零件截面,要选择不同的成套辊轮。一般来说,L 形、T 形、Ⅱ形等截面可选用通用辊轮,其他异型截面则选用专用辊轮。

（1）辊轮的结构形式。辊轮一般为拼合结构，由内侧轮片、外侧轮片和垫板按不同的型材截面形状组合而成，如图3.42所示。

（2）辊轮与零件的间隙。型材内边缘与辊轮之间的合理间隙值选取范围为0.1～0.2 mm。

（3）辊轮直径的选择。

① 适当加大上导轮、下导轮直径，使型材与导轮之间有较大的接触面积，以改善型材在导轮间的支撑状态。

② 尽量减小弯曲轮和导向轮之间的中心距，缩短型材悬空段长度。

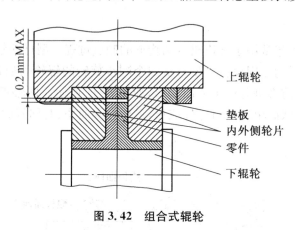

图 3.42　组合式辊轮

【任务实施】

一、准备工作

1. 材料准备

材料规格：$\delta 8$ mm×400 mm×1 200 mm；材料牌号：LY12M；数量：1件。

2. 工艺装备

本任务的工艺装备见表3.5所示。

表 3.5　滚弯工具和设备

序号	名　称	规格型号	数量	序号	名　称	规格型号	数量
1	大锤		1	8	钢板尺	1 000 mm	1
2	压弧锤		1	9	直角尺		1
3	槽头模胎		1	10	手动剪床		1
4	划线平板		1	11	对称式三轴滚弯机		1
5	划针		1	12	圆弧厚衬板		1
6	内圆卡形样板		1	13	焊机		1
7	铅笔	2B	1				

二、柱面滚弯的工艺分析

（1）柱面的几何特征是表面素线相互平行，因此，在滚制柱面工件时，要求滚弯机的上、下轴辊应平行，不能带有斜度，否则会使滚出的工件带有锥度。

（2）用对称式三辊滚弯机滚弯，要在滚弯前采取板料两端预弯或预留余量的方法，消除板料两端的直边段。

（3）为了不使滚弯工件出现歪扭现象，板料放入滚弯机后，要注意找正位置。找正的方法主要有利用挡板或轴辊上的定位槽找正，也可以用目测或90°角尺找正。

（4）较大工件滚弯时，为了避免其自重引起附加变形，应将板料分为三个区域，先滚压两端，再滚压中间。必要时还要由吊车予以配合。

三、滚弯的步骤及方法

第一步　根据图样要求，计算出板料长并在坯料上划线，用剪板机下料。

第二步　小圆筒一般整筒滚制，大圆筒则要分两半滚制。本工件分两半滚制。

第三步　检查滚弯机的上下轴辊是否平行，若不平行，应将其调整平行。

第四步　用手工的方法预弯板料两端，预弯长度应略大于两下辊中心距的一半，一般为180～200 mm。在预弯过程中，要用卡形样板进行检查，直至达到图样要求的曲率为止，如图3.43所示。

第五步　工件放入滚弯机后，利用滚弯机轴辊上的定位槽进行找正。方法是将下辊的定位槽转到最上端位置，使放入滚弯机的板料边缘与定位槽平行，如图3.44所示。

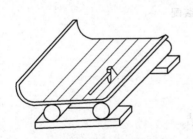

图3.43　手工预弯工件两端

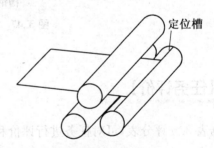

图3.44　工件找正

第六步　滚弯过程中，由于回弹的影响，往往不能一次滚压至工件要求的曲率。一般要凭经验初步调节上辊压下量，然后再滚压，并用样板测量。根据测量结果，对上辊压下量进一步调节，再滚压、测量，直至达到要求为止。

第七步　滚压中若出现歪扭现象要及时调整，其方法是采用手工矫正，如图3.45所示。在矫正过程中，应根据工件的歪扭方向和程度，确定锤击位置，施加相应的锤击力量，避免因矫正失当而引起工件反向歪扭或曲率过大。

第八步　滚弯件成形质量的检查

（1）用卡形样板沿圆筒内表面上、下边沿检查整个工件的曲率，若有不合格处，应及时修整。

（2）检查半圆筒两直边是否平行（即共面），方法如图3.46所示。若两直边都与平台贴合,说明两边平行;若不能与平台贴合,说明工件存在歪扭现象,要按图 3.45 所示的方法矫正。

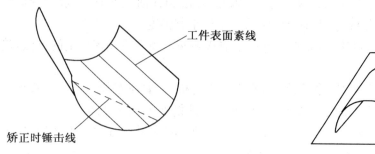

图 3.45 滚弯件歪扭的矫正

图 3.46 圆筒两边平行度检验

第九步 装焊及矫正。两半筒滚制合格后,便可进行装配焊接,如图 3.47 所示。焊接后要对工件进行检验及必要的矫正。

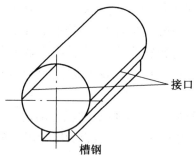

图 3.47 圆筒装配

 【任务评价】

根据表 3.6 评分表,可对任务进行评价和总结。

表 3.6 滚弯评分表

序号	滚弯技能操作评分		总分				
	考核项目	配分 T	评分标准			检测结果	得分
			$\leq T$	$>T,\leq 2T$	$>2T$		
1	$\phi 300\pm 0.5$	20	20	10	0		
	400 ± 0.5	10	20	10	0		
2	工件的曲率,间隙最大值小于 1 mm	30	发现一处不符扣 5 分				
3	表面质量:无表面压伤、无裂纹、锤痕等	20	发现一处扣 5 分				
4	技术安全和文明生产	20	违反规定扣 5~10 分				

【思考与练习】

1. 什么叫滚弯？常用的滚弯设备有哪几种？
2. 简述滚弯基本原理和特点。

任务 3　弯　管

【任务描述】

如图 3.48 所示，按图样尺寸进行弯管。

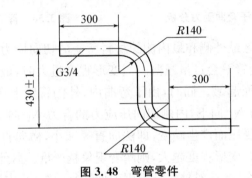

图 3.48　弯管零件

技术要求：

1. 管的上下两直段平行度公差为 2 mm。
2. 管子弯形后应无明显压扁。

【知识准备】

在现代飞机上有很多管子零件。它们的外形有直管、比较规则的平面弯曲件以及又弯又扭的空间弯曲件。后者在液压、燃料和冷气系统导管中是常见的。这些管件的主要制造工序有切割、管端成形（如扩口、缩口、波纹等）和弯曲。

弯管是通过手工或机械的方法，将金属管材进行弯曲，以得到符合要求的工件，一般是按管坯的直径和壁厚的不同情况，选择不同的加工工艺。小直径薄壁管在设备能力允许的条件下一般用冷弯，大直径管材一般用热弯。

一、管子弯曲受力分析

管材弯曲与板材弯曲相比，虽然从变形性质等方面看非常相似，但由于管材空心横断面的形状特点，弯曲加工时不仅容易引起横断面形状发生变化，而且也会使壁厚发生变化。因此,在弯曲加工方法、需要解决的工艺难点、产品的缺陷形式和防止措施、弯曲用模具及设备等方面,两者之间存在很大差别。如图 3.49 所示,在纯弯曲的情况下,外径为 D,壁厚为 S 的管子受外力矩 M 的作用而弯曲时,弯曲变形区的外侧材料受到切向拉伸应力的作用而伸长,从而使外侧管壁减薄;内侧材料则受到切向压应力的作用而缩短,从而使内侧管壁增厚。

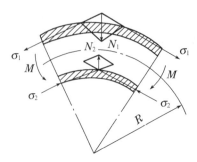

图 3.49　管子弯曲受力分析

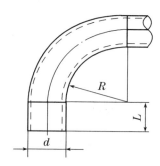

图 3.50　管子最小弯曲半径

　　由于位于弯曲变形区最外侧和最内侧的材料所受的切向应力最大,故其管壁的厚度变化也最大。因此,外侧管壁会过量减薄。当变形程度过大时,最外侧管壁会产生裂纹,最内侧管壁会出现失稳而起皱。同时,由于弯曲内、外侧管壁上切向应力在法向的合力(外侧切向拉应力的合力 N_1 向下,内侧切向压应力的合力 N_2 向上)的作用,使弯曲变形区的圆管横截面在法向受压而产生畸变,即法向直径减小,横向直径增大,从而成为近似椭圆形,如图 3.52 所示。变形程度越大,则畸变现象越严重。另外,由于从拉应力过渡到压应力的弹性阶段的存在,卸载时外层纤维因弹性恢复而缩短,内层纤维因弹性恢复而伸长,结果使工件弯曲的曲率和角度发生显著变化,与模具的形状和设计要求的形状不一致,造成弯曲回弹现象,降低了弯曲件的工艺精度。

　　管壁失稳起皱和圆截面的畸变等现象,需要在工艺上采用预防措施,以增加管壁抵抗失稳的能力,增加剖面抵抗畸变的刚度。常见的方法是弯曲之前在管内加填充物,或在弯曲时用辅助装置支撑管子的内、外壁。一般而言,管径在 10～12 mm 以上,无论何种材料的管子,弯曲时最好都要填充。填充物的选用,应根据管子的相对厚度、相对弯曲半径大小、椭圆度与波纹度的容差范围、材料种类等因素来确定。

二、管子的最小弯曲半径

1. 最小弯曲半径

管子弯曲时,由于管材性质和管子直径、壁厚等条件的限制,显然不能任意弯曲,而必须在一定的弯曲范围内进行弯曲加工。否则会造成管子的破裂、椭圆度过大、起皱等一系列现象,导致弯曲管子报废。管子在弯曲时,必须在最小弯曲半径以内弯曲,如图 3.50 所示。

2. 常见管材的最小弯曲半径

常见管材的最小弯曲半径见表 3.7 所示。

表 3.7 常见管材的最小弯曲半径

管子	弯曲工序		管子外径 d	最小弯曲半径			
钢管	热弯		任意值	$3d$			
	冷弯	焊接钢管	任意值	$6d$			
		无缝钢管	5～20（含 20）	壁厚≤2 mm	$4d$	壁厚>2 mm	$3d$
			>20～35（含 35）		$5d$		$3d$
			>35～60（含 60）				$4d$
			>60～140（含 140）				$5d$
铜管	冷弯		≤18	$2d$			
铝管			>18	$3d$			

三、弯管的椭圆度和减薄量

1. 弯管的椭圆度

管材在自由弯曲时,其横剖面会产生很大的变形,而且外侧管壁会减薄,内侧管壁相应增厚,如图 3.51 所示。

管材弯曲后的变形取决于相对弯曲半径 R_x 和相对壁厚 δ_x。相对弯曲半径 R_x 是指管子中性层的弯曲半径 R 和管子外径 D 的比值,即 $R_x = R/D$。相对壁厚是指管子的壁厚 δ 与管子外径 D 的比值,即 $\delta_x = \delta/D$。相对弯曲半径和相对壁厚的值越小,则弯曲变形越大,甚至造成外侧管壁破裂和内侧管壁起皱。

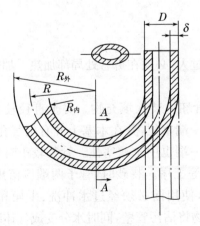

图 3.51 弯管的截面变化

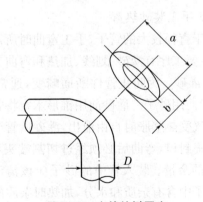

图 3.52 弯管的椭圆度

管材弯曲后的椭圆度不应过大,如图 3.52 所示,否则会造成超差而不符合工件技术要求。管子弯曲后椭圆度 E 的计算公式为

$$E=(a-b)/D\times100\%\tag{3.6}$$

2. 弯管减薄量的计算

管子弯曲后壁厚由于受拉,一般都有一定的减薄现象,其减薄率的计算公式为

$$C=\left[(\delta-\delta_1)/\delta\right]\times100\%\tag{3.7}$$

式中:δ——弯曲前管坯的壁厚;

$\quad\delta_1$——弯曲后管子的壁厚。

四、常用弯管方法

1. 手工弯管

手工弯管是利用简单的弯管装置,对管坯进行弯曲加工。根据弯管时是否加热,可分为冷弯和热弯两种工艺。

一般管材外径 $D\leqslant25$ mm 时,由于弯曲力矩较小,通常采用冷弯;而管径较大时,多采用热弯。手工弯管不需专用的弯管设备,制造成本低,调节使用方便,但劳动强度较大,效率低,适合小批量或单件生产。

(1)手工弯管的原理和装置

手工弯管装置如图 3.53 所示,主要由平台、定模、滚轮和杠杆组成。定模固定在平台上,具有与管坯外径相适应的半圆形凹槽。弯曲前,先将管坯的一端置于定模凹槽中,并用压板压紧。然后扳动杠杆,则固定在杠杆上的滚轮(具有与管子外径相适应的半圆形凹槽)便压紧管子,迫使管子绕定模弯曲变形。当达到管件所要求的弯曲角度时即停止弯曲,从而完成绕弯过程。管件的弯曲半径不同,定模的直径则相应不同。

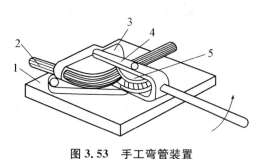

图 3.53 手工弯管装置
1—平台;2—管子;3—定模;4—杠杆;5—滚轮。

(2)手工装砂热弯

对于直径较大的管子,手工弯曲时所需力矩过大,必须在折弯处局部加热。加热弯管时,其主要工序有灌砂、划线、加热和弯曲。

① 灌砂。为防止管件断面畸变,通常需在管坯内装入填充物。对于直径较大的管子,一般使用砂子。灌砂前用锥形木塞将管子的一端塞住,并在木塞上开有出气孔,以使管内空气受热膨胀时自由泄出,灌砂后管子的另一端也用木塞塞住。管径较小时也可将管端压扁封口,弯曲后必须经过切割端头和清洗等工序。装砂时,管子两端应留出 20~30 mm 的余量。装入管中的砂子应该清洁干燥,使用前必须经过水冲洗、干燥和过筛。因为砂子中含有杂质和水分,加热时杂质的分解物将沾污管壁,同时水分变成气体时体积膨胀,使压力增大,甚至将端头木塞顶出。砂子的颗粒度一般在 2 mm 以下。若砂子颗粒度过大,就不容易填充紧密,管子弯曲时易使断面畸变;若砂子颗粒度过小,填充过于紧密,弯曲时不易变形,甚至使管件破裂。

② 划线。划线的目的是确定管子加热的长度及位置。加热区域的大小与弯曲角度、弯曲半径的大小有关。首先按图样尺寸定出弯曲部分中点位置,并由此向管子两边量出弯曲的长度,然后再加上管子的直径,这样便确定了管子的加热长度。生产实践表明,按该方法确定的加热长度较为合理。

③ 加热。管子经灌砂、划线后,便可进行加热。加热可用木炭、焦炭、煤气等作燃料或用喷灯、氧乙炔焰加热。普通的煤因含有大量的硫,会渗入钢中,造成管子质量下降,所以不宜作燃料。加热时,应尽量减少加热的持续时间,避免过烧现象。钢管的加热温度约 600 ℃~800 ℃,即钢管呈现樱红色时即可弯曲。加热铝合金管子时,可在弯曲处外缘涂以皂液,当皂液受热变成深褐色时,说明温度已达到 350 ℃~450 ℃,即可进行弯曲。管子的弯曲应尽可能在加热后一次完成,若增加加热次数,不仅会使钢管质量变坏,而且增加了氧化层的厚度,导致管壁减薄。

④ 弯曲。若管子的直径较小时,可采用如图 3.54 所示的半圆形凹槽模具,用杠杆进行弯曲。当管子的直径比较大时,要将管子放在平台上,利用电动绞车等进行弯管。导管加热弯曲,在弯曲部位易产生不圆度和内侧壁起皱,主要与装砂不紧密有关。

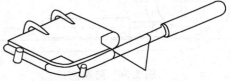

图 3.54　小管子手工弯曲过程

2. 机械弯曲

机械弯管是利用弯管设备和弯管模进行弯管,可以对管材进行各种形式的弯曲。

(1) 绕弯。绕弯可分为有芯弯管和无芯弯管两种。

① 有芯弯管。在弯管机上进行管坯绕弯,如图 3.55 所示。弯管模胎 4 固定在机床主轴上,由电动机经过蜗轮蜗杆传动,做顺时针方向旋转,管子 6 由夹块 3 夹紧在弯管模上,在管子和弯管模胎相切的切点附近装有压块 1,内侧垫有防皱块 5,管子内部塞有芯棒 2,当弯管模胎转动时,管子即绕弯管模胎逐渐弯曲成形。防皱块结构图如图 3.56 所示。

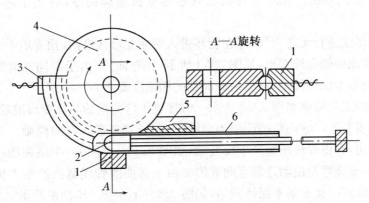

图 3.55　管子绕弯工作原理图

1—压块;2—芯棒;3—夹块;4—弯管模胎;5—防皱块;6—管子。

有芯弯管的工模件主要包括芯棒、防皱块和模胎。

Ⅰ. 芯棒。芯棒的作用是从管材内部支撑管壁,预防管材截面畸变和管壁起皱。常用的芯棒有以下几种形式:柱形芯棒、成形芯棒和链节球状芯棒等,如图 3.57 所示。

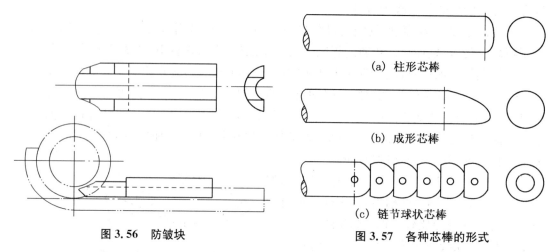

图 3.56 防皱块

(a) 柱形芯棒

(b) 成形芯棒

(c) 链节球状芯棒

图 3.57 各种芯棒的形式

Ⅱ. 防皱块。靠近切点又未进入弯曲变形区的管坯材料,其外表没有得到弯曲模胎型槽的支撑,即使采用了芯棒,弯曲时仍有可能在此处起皱,故应加装防皱块。

Ⅲ. 弯曲模胎。有芯弯管的另一重要零件,其半径取决于弯管的弯曲半径。由于冷弯时弯管将产生一定的回弹,所以在设计时弯曲模胎的半径应比需要的弯管半径略小,一般可按下列数据确定。

当 $R/D=3\sim4$ 时,有

合金钢管的模胎半径$=0.94R$

碳素钢管的模胎半径$=(0.96\sim0.98)R$

当 R/D 较大时,取小值,反之取大值,最终靠试模时调整修正。

② 无芯弯管。无芯弯管是在弯管机上利用反变形法控制管截面的变形,使管坯沿弯曲模胎绕弯的工艺方法。无芯弯管机比有芯弯管机结构简单,省去了芯棒,应用更为广泛。

采用反变形法进行无芯弯管,即在管坯进入弯曲变形区之前,预先给予一定量的反变形,而使管坯弯曲外侧向外突出,如图 3.59 所示,在弯曲后,由于不同方向的变形互相抵消,使管坯截面基本保持圆形,以满足截面处的椭圆度要求。

无芯弯管的工作原理如图 3.58 所示。管坯置于弯曲模胎与反变形滚轮之间,并用夹块压紧在弯曲模胎上。导向轮的凹槽为半圆形,引导管坯进入弯曲模胎。反变形轮的凹槽为双圆弧结构,它将管坯压紧产生反变形,如图 3.58(a) 中 $A-A$ 剖视所示。当弯曲模胎旋转时,管坯便绕弯曲模胎逐渐弯曲成形。由于弯曲前管坯截面产生了预定的反向变形,因此,弯曲恢复后截面基本保持圆形,如图 3.58(b) 中 $B-B$ 剖视所示。图 3.58(a) 所示为采用反变形轮的弯管情形,图 3.58(b) 所示为采用反变形滑槽的弯管情形,其工作原理相同。

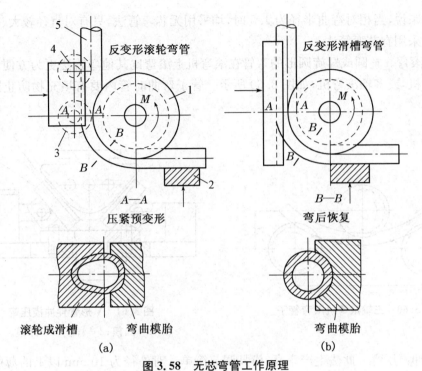

图 3.58 无芯弯管工作原理

1—弯曲模胎;2—夹块;3—反变形滚轮;4—导向轮;5—管坯。

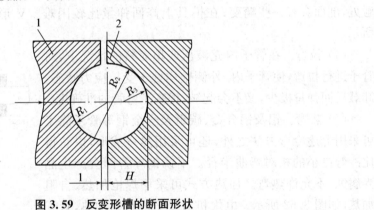

图 3.59 反变形槽的断面形状

1—模胎;2—滚轮或滑轮。

在理想情况下,只要反变形型槽的形状和尺寸适当,可使弯管截面的椭圆度极小甚至为零。反变形槽的断面形状如图 3.59 所示,反变形槽的尺寸与相对弯曲半径 R/D 有关,具体见表 3.8 所示。

表 3.8 反变形槽的尺寸

相对弯曲半径 R/D	R_1	R_2	R_3	H
1.5~2	0.5D	0.95D	0.37D	0.56D
≥2~3.5	0.5D	1.0D	0.4D	0.545D
≥3.5	0.5D		0.5D	0.5D

一般来说,当相对弯曲半径为 1.5 时,均采用无芯弯管法,只有对直径较大、壁厚较薄的管坯才采用有芯弯管法。

(2)滚弯。整圆或螺旋圆形的弯管在滚弯机上滚弯比其他弯管法更为方便。可使用三轴滚弯机,或多轴滚弯机,如图 3.60 所示。管子弯曲时管内要有填充物防止圆管截面畸变。

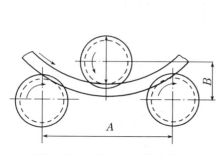

图 3.60　三轴滚弯机滚弯管子

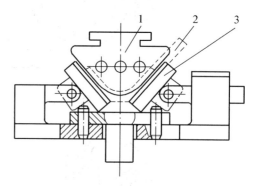

图 3.61　V 形管件冲模压弯

1—凸模;2—管坯;3—凹模。

(3)冲模压弯。此法生产率高,模具调节简单。对外径为 10 mm 以上的薄壁管在弯曲前要填填充物,防止管壁起皱和管截面畸变。此法也有些缺点,如管子与凸凹模开始接触处,剖面会有一些畸变;在模具上修回弹量比较困难。V 形管件冲模压弯如图 3.61 所示。

(4)拉弯。在管子内充液压或填充料的情况下,对管子进行拉弯,使管子内、外侧壁均处于受拉应力状态,卸载后回弹量极少,又不会起皱,提高了弯管的准确度。

(5)热弯。铝及铝合金、碳钢及合金钢等管子除了可采用上述冷弯方法之外,还可采用热弯成形,以获得比冷弯更小的相对弯曲半径。不锈钢导管因会产生晶界腐蚀,不允许热弯。加热方式可采用焊枪加热、自阻加热,如图 3.62 所示。电焊机对管子的自阻加热,管子通过低电压大电流,依靠管子自身的内阻加热。

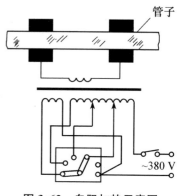

图 3.62　自阻加热示意图

(6)推弯。推弯主要用于弯制弯头。根据推弯工艺特点,又可分为冷推弯管和芯棒式热推弯管两类。

冷推弯管装置如图 3.63 所示,主要由压柱 1、导向套 2 和弯曲型模 4 组成。弯曲型模由对中的两块拼成,以方便其型腔加工。弯管时,把管子 3 放在导向套中定位后,压柱下行,对管子端口施加轴向推力,强迫管子进入弯曲型腔,从而产生弯曲。

芯棒式热推弯管工作原理如图 3.64 所示,管子 7 套在芯杆 5 上,由管子支承辊 8 支承。推板 6 位于管子末端,对管子施加轴向推力 F。加热炉 2 的热源 3 对管子进行加热。这样,管子在推力作用下,边加热边向前移动,最后从芯棒 4 末端推出,形成管弯头 1。

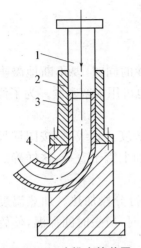

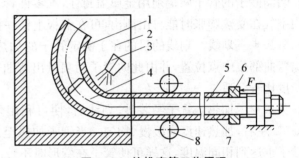

图 3.63 冷推弯管装置
1—压柱;2—导向套;
3—管子;4—弯曲型模。

图 3.64 热推弯管工作原理
1—弯头;2—加热炉;3—热源;4—芯棒;
5—芯杆;6—推板;7—管子;8—支承辊。

 【任务实施】

一、准备工作

1. 材料准备

材料规格:G3/4,1 500 mm;材料牌号:LY12M;数量:1件。

2. 工艺装备

本任务的工艺装备见表 3.9 所示。

表 3.9 弯管工具和设备

序号	名称	规格型号	数量	序号	名称	规格型号	数量
1	方头砧铁		1	10	钢板尺	300 mm	1
2	扳弯器(套管)		1	11	直角尺		1
3	装砂漏斗		1	12	游标卡尺	150 mm	1
4	定位销			13	工作钳台		1
5	大锤			14	划针		1
6	手锤		1	15	铅笔	2B	1
7	弯管胎模			16	焦炭炉		1
8	羊角卡		1	17	焦炭		
9	加热用具						

二、操作步骤

第一步　将砂子冲洗、干燥和筛选。

第二步　装砂。为了使砂子在管内填充紧密,用漏斗装砂的同时,要不断地敲击管子。装满砂子的管子两端须用金属盖封住,本零件管子较细,也可用木塞塞紧。为了便于管内空气在受热膨胀时能自由泄出,可在盖板上钻一排气孔。

第三步　划线。划线的目的在于确定管子的加热位置和长度。划线时,按图样尺寸定出弯曲部位中点位置,并由此向管子两端量出弯曲长度,再加上管子直径,这样确定加热长度比较合适。

第四步　加热。管子经装砂、划线后,便可利用焦炭炉进行分段加热。加热温度为1 000 ℃左右,加热速度应缓慢、均匀。当管子加热至规定温度时,应短时间保温,使管内的砂子也达到相同温度,这样可使管子在弯形时不致冷却过快。

管子每一弧段的弯形,最好一次加热完成。增加加热次数,将使材料力学性能变坏,增加管子氧化层的厚度,导致管壁变薄。

第五步　弯形。将加热好的管子放置于弯曲模胎上,使管子的弯曲点与模胎上的对应点对正、固定。然后,利用扳弯器将管子顺着模胎的弧面扳弯,使管子与模胎逐步贴严。

第六步　质量检查。管子弯好后,须按图样要求进行质量检查,并对不合格处进行修整。

第七步　清理。取下金属塞,倒出管内砂子,将管子清理干净。清理管内砂子时,不可用力敲击或撞击管子,以免引起变形。

三、结束工作

第一步　清点工具和量具,摆放规范整齐,外表完好。

第二步　清扫工作现场,保持工位文明整洁,符合安全文明生产的要求。

第三步　填写工作评价单。

【任务评价】

根据表3.10评分表,可对任务进行评价和总结。

表3.10　弯管评分表

放边技能操作评分			总分			
序号	考核项目	配分 T	评分标准			检测结果	得分
			$\leqslant T$	$>T,\leqslant 2T$	$>2T$		
1	300(2 处)	10×2	10	0	0		
2	$R140$(2 处)	10×2	15	0	0		
3	430±1	10	10	5	0		

（续表）

放边技能操作评分			总分				
序号	考核项目	配分 T	评分标准			检测结果	得分
			$\leqslant T$	$>T,\leqslant 2T$	$>2T$		
4	管的上下两直段平行度 公差为 2 mm	10	10	0	0		
5	表面质量：无裂纹、夹伤、 划伤、锤痕，无明显压扁等	20	发现一处扣 2 分				
6	技术安全和文明生产	20	违反规定扣 5～10 分				

【思考与练习】

1. 简述管件绕弯成形的基本原理。
2. 芯棒的作用是什么以及有哪几种类型？
3. 手工装砂热弯主要有哪些工序？

拉深成形

任务　拉深成形

【任务描述】

如图 4.1 所示圆筒形零件,按图样尺寸加工无凸缘圆筒形拉深件,材料为 08 钢,板料厚度 $\delta = 1$ mm,大批量生产。

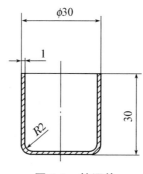

图 4.1　拉深件

【知识准备】

拉深成形是利用模具使一定形状的平板毛坯变为开口空心零件的冲压工艺方法。拉深成形也称压延成形或拉延成形。用拉深成形可以制成筒形、阶梯形、锥形、半球形、盒形和其他不规则形状的立体空心零件。拉深加工的对象广泛,材料品种繁多。在日常用品、电器零件、机械零件、飞机结构和汽车零件的成形中,有着广泛的应用。图 4.2 是典型拉深零件外形示意图。

拉深有多种形式。按照零件的外形,拉深可划分为筒形件、锥形件、半球形件、阶梯形件、盒形件和复杂形状零件拉深。按照工序数,拉深可划分为单次和多次拉深。按照材料变形情况,拉深可划分为正拉深、反拉深、变薄拉深和特殊拉深等。在各种拉深成形工艺中,圆筒形件拉深是最基本的拉深方法。

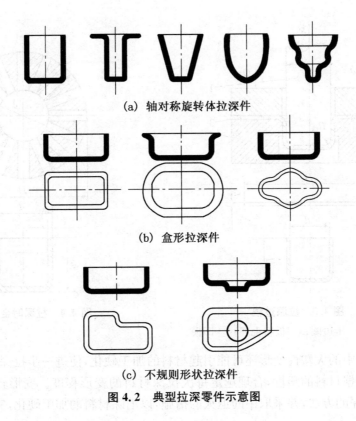

(a)　轴对称旋转体拉深件

(b)　盒形拉深件

(c)　不规则形状拉深件

图 4.2　典型拉深零件示意图

一、拉深成形过程及特点

现以圆筒形拉深件为例,说明板料的拉深成形过程。如图 4.3 所示,拉深模的工作部分具有一定的圆角,并且凸、凹模间隙稍大于板料的厚度。拉深成形时,板料置于凹模上,当凸模向下运动时,迫使板料压入凹模孔,形成空心的筒形件。

拉深过程中,板料毛坯的中间直径为 d 的部分变为零件的底部,基本不发生变形。而外部环形部分的金属,将沿圆周方向发生很大的压缩塑性变形,并迫使多余的金属沿毛坯的径向产生流动,形成拉深件的侧壁。如图 4.4 所示,如果把坯料的环形部分划分为若干狭条和扇形,把扇形部分切除,余下的狭条部分沿直径 d 的圆周弯曲后即为圆筒的侧壁。扇形部分的金属是多余的,此部分金属在拉深过程中,沿半径方向产生了流动,从而增加了零件的高度。因此,筒壁高度 h 总是大于 $\frac{1}{2}(D-d)$。

拉深中毛坯金属的周向压缩变形受到限制,引起很大的切向压应力,使毛坯变形区因为失稳而出现起皱现象,如图 4.5 所示。毛坯严重起皱后,由于不能通过凸、凹模之间的间隙而被拉断,造成废品。即使轻微起皱的毛坯,能勉强地通过,也会在零件的侧壁上留下起皱的痕迹,影响拉深件质量。防止起皱的有效办法是采用压边圈,如图 4.3 所示。

拉深中毛坯金属的周向压缩和径向流动,还将导致拉深件厚度发生变化,如图 4.6 所示。由图中可见,凸模圆角处板料厚度减薄最为严重,是发生拉裂的危险区。合理选择凸、凹模间隙和工作圆角半径,可使板料厚度减薄现象得以改善。

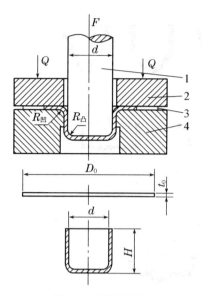

图 4.3　拉深过程

1—凸模；2—压边圈；3—板料毛坯；4—凹模。

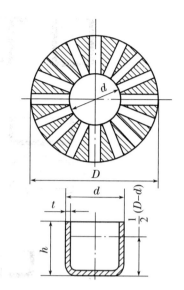

图 4.4　拉深时金属的流动

此外,拉深中的大塑性变形还可能引起材料的加工硬化,使进一步拉深更加困难。因此,拉深中应根据材料的塑性,合理选定每次拉深材料的变形程度。变形较大的拉深件,应采用多次拉深的方法,并采取中间退火的措施,以消除材料的加工硬化,完成拉深工作。

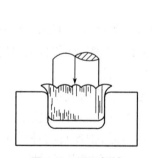

图 4.5　毛坯起皱

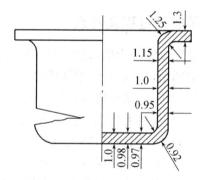

图 4.6　拉深件厚度的变化情况

二、工艺参数

1. 坯料尺寸

旋转体零件是采用圆形坯料,其直径按面积相等的原则计算(不考虑板料的厚度变化)。计算坯料尺寸时,先将零件划分为若干便于计算的简单几何体,分别求出其面积后相加,得总面积 $\sum A$,则坯料直径

$$D = \sqrt{\frac{4}{\pi} \sum A} \ (\text{mm})$$

图 4.7 所示为圆筒形拉深件坯料尺寸计算图。由图示得

$$\frac{\pi}{4}D^2 = A_1 + A_2 + A_3 = \sum A_i$$

故
$$D = \sqrt{\frac{4}{\pi}\sum A_i} \qquad (4.1)$$

$$A_1 = \pi d(H-r)$$

$$A_2 = \frac{\pi}{4}\left[2\pi r(d-2r) + 8r^2\right]$$

$$A_3 = \frac{\pi}{4}(d-2r)^2$$

把以上各部分的面积相加后代入式(4.1),整理可得坯料直径为

$$D = \sqrt{(d-2r)^2 + 4d(H-r) + 2\pi r(d-2r) + 8r^2}$$
$$= \sqrt{d^2 + 4dH - 1.72dr - 0.56r^2} \qquad (4.2)$$

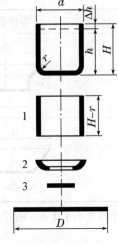

图 4.7　圆筒形拉深件坯料尺寸计算图

式中:D——坯料直径;

d,H,r——拉深件直径、高度、圆角半径。

由于板料的各向异性和模具间隙不均等因素的影响,拉深后零件的边缘不整齐,甚至出现耳子,需在拉深后进行修边。圆筒件的修边余量 Δh 见表 4.1 所示,当拉深次数多或板料方向性较大时,取表中较大值。当零件的 $\dfrac{h}{d}$ 值很小时,也可不进行修边。常用旋转体坯料直径计算公式,见表 4.2 所示。

表 4.1　圆筒体拉深的修边余量 Δh

零件高度/mm	修边余量 Δh/mm	零件高度/mm	修边余量 Δh/mm
10～50	1～4	100～200	3～10
50～100	2～6	200～300	5～12

表 4.2　常用旋转体拉深件坯料直径的计算公式　（mm）

序号	零件形状	坯料直径 D
1		$D = \sqrt{d^2 + 4dh}$
2		$D = \sqrt{d_2^2 + 3d_1 h}$
3		$D = \sqrt{d_2^2 + 4(d_1 h_1 + d_2 h_2)}$

（续表）

序号	零件形状	坯料直径 D
4		$D=\sqrt{d_1^2+4d_1h_1+2l(d_1+d_2)}$
5		$D=\sqrt{d_1^2+2l(d_1+d_2)}$

注：对于厚度小于 1 mm 的拉深件，可不按工件材料厚度中心层尺寸计算，而根据工件外壁尺寸计算。

2. 拉深系数和次数

（1）拉深系数的确定

圆筒件的拉深系数为

$$m=\frac{d}{D} \tag{4.3}$$

式中：D——拉深前坯料直径；

d——拉深后零件直径。

拉深系数反映了坯料外边缘在拉深后切向压缩变形的大小。因此，它表示了拉深的变形程度，其值的倒数为拉深比 K，即 $K=\frac{1}{m}=\frac{D}{d}$。圆筒件第 n 次拉深系数为 $m_n=\frac{d_n}{d_{n-1}}$（$n=1,2,\cdots$）。

制定拉深工艺时，为了减少拉深次数，可采用小的拉深系数（大的拉深比），但根据前面的变形分析可知，拉深系数过小，将会在危险断面产生破裂。因此，要保证拉深顺利进行，每次拉深系数应大于极限拉深系数。拉深系数 m 与板料成形性能、坯料相对厚度 $\frac{t}{D}$、凸凹模间隙及其圆角半径等有关，见表 4.3 所示。

表 4.3　圆筒件极限拉深系数

坯料的相对厚度 $t/D\times100$ 拉深系数	0.08～0.15	0.15～0.30	0.30～0.60	0.60～1.0	1.0～1.5	1.5～2.0
m_1	0.63	0.60	0.58	0.55	0.53	0.50
m_2	0.82	0.80	0.79	0.78	0.76	0.75
m_3	0.84	0.82	0.81	0.80	0.79	0.78
m_4	0.86	0.85	0.83	0.82	0.81	0.80
m_5	0.88	0.87	0.86	0.85	0.84	0.82

表中数值是由实验得出，$m_1,m_2,\cdots$分别表示第一、第二……次拉深工序的极限拉深系数

工艺设计时,按表 4.3 决定极限拉深系数后,就可根据圆筒件和平板坯料尺寸,从第一次拉深开始依次向后推算,便能得出所需拉深次数和各中间工序尺寸,如图 4.8 所示。当零件要求较高时,为了防止坯料在凸模圆角处过分变薄,一般采用比极限拉深系数稍大的值。

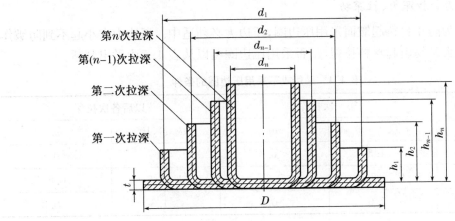

图 4.8 拉深工序示意图

(2) 拉深次数的确定

拉深次数的确定可以用推算法。根据已知条件,由表 4.3 查得各次的极限拉深系数,然后依次计算出各次拉深直径,即 $d_1 = m_1 D, d_2 = m_2 d_1, \cdots, d_n = m_n d_{n-1}$,直到 $d_n \leqslant d$,即当计算所得直径 d_n 小于或等于零件直径 d 时,计算的次数即为拉深次数。

3. **各次拉深工序件尺寸的确定**

(1) 工序件直径的确定　拉深次数确定后,由表 4.3 查得各次拉深的极限拉深系数,并加以调整(一般是增大),调整的原则是:

① 保证 $m_1 m_2 \cdots m_n = \dfrac{d}{D}$。

② 使 $m_1 < m_2 < \cdots < m_n$。

其中,d 为工件直径;D 为坯料直径。

最后按调整后的拉深系数计算各次工序件直径,即

$$d_1 = m_1 D; d_2 = m_2 d_1; \cdots; d_n = m_n d_{n-1}$$

(2) 工序件圆角半径的确定　圆角半径的确定方法见拉深模工作部分的结构和尺寸部分。

(3) 工序件高度的计算　各次工序件高度的计算公式为:

$$h_1 = 0.25\left(\frac{D^2}{d_1} - d_1\right) + 0.43\frac{r_1}{d_1}(d_1 + 0.32r_1)$$

$$h_2 = 0.25\left(\frac{D^2}{d_2} - d_2\right) + 0.43\frac{r_2}{d_2}(d_2 + 0.32r_2) \tag{4.4}$$

$$\vdots$$

$$h_n = 0.25\left(\frac{D^2}{d_n} - d_n\right) + 0.43\frac{r_n}{d_n}(d_n + 0.32r_n)$$

式中:$h_1, h_2, \cdots, h_n$——各次工序件高度;

$d_1,d_2,\cdots,d_n$——各次工序件直径；

$r_1,r_2,\cdots,r_n$——各次工序件底部圆角半径；

D——坯料直径。

4. 压边力和拉深力、拉深功

拉深中，为防止材料起皱而采用压边圈，压边力必须适中。压边力太小起不到防皱作用，压边力太大又易引起材料拉裂，是否采用压边圈可以从表 4.4 中做出判断。

表 4.4　采用或不采用压边圈的条件

拉深方法	第一次拉深		以后各次拉深	
	$t/D_0\times 100$	m_1	$t/d_{n-1}\times 100$	m_n
用压边圈	<1.5	<0.6	<1	<0.8
可用可不用	1.5~2.0	0.6	1~1.5	0.8
不用压边圈	>2.0	>0.6	>1.5	>0.8

对于筒形第一次拉深的压边力

$$Q=\frac{\pi}{4}\big[D^2-(d_1+2r_d)^2\big]q$$

当 d_1/t 的值很大时

$$Q=\frac{\pi}{4}(D^2-d_1^2)q$$

对于筒形件以后各次拉深的压边力

$$Q=\frac{\pi}{4}\big[d^{n-1}-(d_n+2r_d)^2\big]q \tag{4.5}$$

上三式中：Q——压边力（N）

q——单位压边力（MPa），见表 4.5 所示；

D——坯料直径（mm）；

r_d——凹模圆角半径（mm）；

$d_1,\cdots,d_n$——各次拉深件的直径（mm）。

表 4.5　圆筒形件拉深时防皱单位压边力 q 值

材料	单位压边力 q/MPa	材料	单位压边力 q/MPa
铝	0.8~1.2	深拉深用钢：厚度<0.5 mm	2.0~2.5
铜	1.2~1.8	厚度>0.5 mm	2.5~3.0
黄铜	1.5~2.0	不锈钢	3.0~4.5

拉深力常用以下经验公式计算：

第一次拉深时，拉深力 F_1

$$F_1=\pi d_1 t\sigma_b K_1(\text{N}) \tag{4.6}$$

第二次及第 n 次拉深时，拉深力 F_n

$$F_n=\pi d_n t\sigma_b K_2(\text{N}) \tag{4.7}$$

式中：t——料厚（mm）；

d_1，d_n——第 1 次、第 n 次拉深半成品直径（mm）；

σ_b——抗拉强度（MPa）；

K_1，K_2——修正系数，见表 4.6 所示。

表 4.6　修正系数 K_1，K_2 和 λ_1，λ_2 值

拉深系数 m_1	0.55	0.57	0.60	0.62	0.65	0.67	0.70	0.72	0.75	0.77	0.80	—	—	—
K_1	1.00	0.93	0.86	0.79	0.72	0.66	0.60	0.55	0.50	0.45	0.40	—	—	—
λ_1	0.80	—	0.77	—	0.74	—	0.70		0.67		0.64	—	—	—
拉深系数 m_2							0.70	0.72	0.75	0.77	0.80	0.85	0.90	0.95
K_2							1.00	0.95	0.90	0.85	0.80	0.70	0.60	0.5
λ_2							0.80	—	0.90	—	0.75	—	0.70	

带压边圈拉深时，总的拉深力应包括压边力在内。

单次行程所需拉深功可按下式计算：

第一次拉深时，拉深功 A_1

$$A_1 = \frac{\lambda_1 F_{1\max} h_1}{1\,000}（\text{N·m}）$$

以后各次拉深时，拉深功 A_n

$$A_n = \frac{\lambda_2 F_{n\max} h_n}{1\,000} \tag{4.8}$$

式中：$F_{1\max}$、$F_{n\max}$——第一次和以后各次拉深的最大拉深力（N）；

λ_1，λ_2——系数见表 4.6；

h_1，h_n——第一次和以后各次的拉深高度（mm）。

拉深所需压力机的电动机功率为 P

$$P = \frac{A\xi n}{60 \times 75 \times \eta_1 \eta_2 \times 1.36 \times 10}（\text{kW}） \tag{4.9}$$

式中：A——拉深功（N·m）；

ξ——不均衡系数，取 $\xi = 1.2 \sim 1.4$；

η_1——压力机效率，取 $\eta_1 = 0.6 \sim 0.8$；

η_2——电机效率，取 $\eta_2 = 0.9 \sim 0.95$；

n——压力机每分钟行程次数。

三、压力机的选择

对于压力机形式的选择，中、小型拉深零件选用偏心压力机或曲轴压力机，大型拉深零件选用双动压力机。对于压力机吨位的选择，薄板零件（板厚在 3 mm 以下）由于所需的拉深力不大，因此无须进行计算，在实际生产中，只要压力机的行程和台面大小能够满

足要求,就可以进行拉深。但是,对于厚料、大尺寸的零件,往往需要计算拉深力和压边力,依次来确定压力机的吨位,一般选择的吨位尽量大些。

压力机的工作行程是指滑块单方向所经的路程。对于压力机行程的选择,压力机的行程至少大于拉深件高度的两倍。曲轴压力机的行程不变,等于曲轴半径的两倍。偏心压力机的行程可调节。

另外,根据工作类别及零件的性质,压力机还应备有特殊装置,例如缓冲器、顶出装置、送料装置等。

四、拉深模

1. 拉深模的分类

拉深模按不同分类方法可分为多种类型,见表 4.7 所示。

表 4.7 拉深模的类型

序号	分类方法	模具名称
1	按拉深次序分类	首次拉深模 以后各次拉深模
2	按使用机床分类	单动压力机使用的普通拉深模 双动压力机使用的双动拉深模
3	按压边装置分类	无压边装置的拉深模 带压边装置的拉深模
4	按一套模具完成的工序数分类	简单拉深模 连续拉深模 复合拉深模

2. 拉深模的结构

(1) 无压边装置的首次拉深模

如图 4.9 所示,为典型的无压边装置的首次拉深模。模具由凸模、凹模及定位板等零件组成。工作时,毛料放在定位板内,凸模下降时,将毛料压入凹模产生塑性变形而成形。凸模上开有一个 $\phi 3$ mm 的通气孔,以使制品不至于紧贴在凸模上而造成卸料困难。结构中带有卸件器,当拉深工作行程结束,凸模回程时,卸件器下平面作用于拉深件口部,把零件卸下。这种拉深模具结构简单,适用于拉深板料厚度较大而深度不大的拉深件。

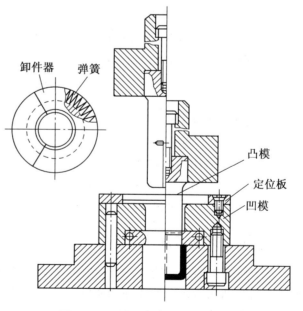

图 4.9 无压边装置的首次拉深模

（2）带压边装置的首次拉深模

如图 4.10 所示，为典型的带压边装置的首次拉深模。拉深模的压料装置在上模，由于弹性元件高度受到模具闭合高度的限制，因而这种结构形式的拉深模适用于拉深深度不大的零件。

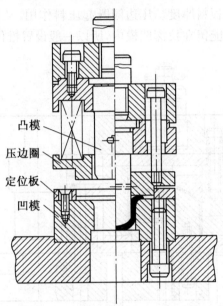

图 4.10　带压边装置的首次拉深模

（3）二次及二次以后拉深模

二次及二次以后拉深模的典型结构如图 4.11 和图 4.12 所示。该模具的凸模、凹模及定位圈可以更换，以拉深一定尺寸范围的不同拉深件。

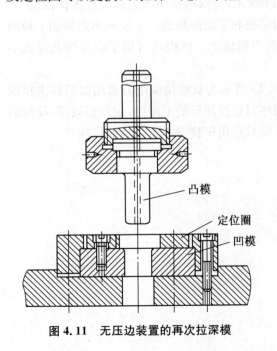

图 4.11　无压边装置的再次拉深模

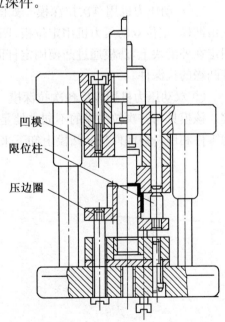

图 4.12　带压边装置的再次拉深模

（4）复合拉深模

所谓复合拉深模，就是在一套模具中不仅完成拉深工作而且又能完成下料、冲孔或切边等多项工作。这种模具适合于成批或大量生产，劳动生产率高，但是模具结构复杂，造价高。如图 4.13 所示为落料拉深复合模，这种模具一般设计成先落料后拉深，为此，拉深凸模应低于落料凹模一个板料厚度。压边圈既起压料作用，又起顶件作用。由于有顶件作用，上模回程时，冲件可能留在拉深凹模内，所以一般设置推件装置。

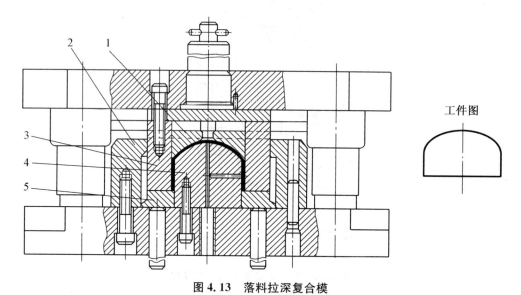

工件图

图 4.13　落料拉深复合模

1—推件块；2—落料凹模；3—落料凸模兼拉深凹模；4—拉深凸模；5—压边圈兼顶板。

（5）双动压力机用拉深模

① 双动压力机用首次拉深模　如图 4.14 所示，为双动拉深压力机用首次拉深模，下模由凹模，定位双动压力机用定位板、凹模固定板和下模座组成。上模的压边圈和上模座固定在外滑块上，凸模通过凸模固定杆固定在内滑块上。该模具可用于拉深带凸缘或不带凸缘的拉深件。

② 双动压力机用以后各次拉深模　图 4.15 所示为双动拉深压力机用以后各次拉深模。该模具与首次拉深模的不同之处是所用坯料是拉深后的工序件，定位板较厚，拉深后的零件利用一对卸件板从凸模上卸下来。该模具适用于拉深不带凸缘的拉深件。

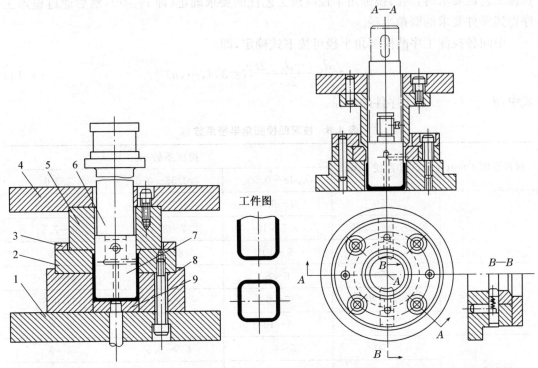

图 4.14　双动拉深压力机用首次拉深模　　　图 4.15　双动拉深压力机用以后各次拉深模

1—下模座；2—凹模；3—定位板；4—上模座；

5—压边圈；6—凸模固定杆；7—凸模；

8—凹模固定板；9—顶板。

3. 拉深模工作部分的结构和尺寸

(1) 凸、凹模的圆角半径

① 凹模圆角半径的确定　首次（包括只有一次）拉深凹模圆角半径可按下式计算，即

$$r_{A1} = \sqrt{(D-d)t} \text{ 或 } r_{A1} = c_1 c_2 t \tag{4.10}$$

式中：r_{A1}——凹模圆角半径；

D——坯料直径；

d——凹模内径；

t——坯料厚度；

c_1——考虑材料力学性能的系数，对于软钢、硬铝，$c_1 = 1$，对于纯铜、铝，$c_1 = 0.8$；

c_2——考虑坯料厚度与拉深系数的关系，见表 4.8 所示。

以后各次拉深凹模圆角半径应逐渐减小，一般按下式确定，即

$$r_{Ai} = (0.6 \sim 0.8) r_{Ai-1} (i = 2, 3, \cdots, n) \tag{4.11}$$

以上计算所得凹模圆角半径一般应符合 $r_A \geq 2t$ 的要求。

② 凸模圆角半径的确定　首次拉深可取

$$r_{T1} = (0.7 \sim 1.0) r_{A1} \tag{4.12}$$

最后一次拉深凸模圆角半径 r_T 即等于零件圆角半径 r。但零件圆角半径如果小于

拉深工艺性要求时,则凸模圆角半径应按工艺性的要求确定(即 $r_T \geq r$),然后通过整形工序得到零件要求的圆角半径。

中间各拉深工序凸模圆角半径可按下式确定,即

$$r_{Ti-1} = \frac{d_{i-1} - d_i - 2t}{2}(i=3,4,\cdots,n) \tag{4.13}$$

式中:d_{i-1},d_i——各工序件的外径。

表 4.8 拉深凹模圆角半径系数 c_2

材料厚度 t/mm	拉深件直径 d/mm	拉深系数 m_1		
		0.48~0.55	≥0.55~0.6	≥0.6
0.5	≤50	7~9.5	7.5	5~6
	>50~200	8.5~10	7~8.5	6~7.5
	>200	9~10	8~10	7~9
>0.5~1.5	≤50	6~8	5~6.5	4~5.5
	>50~200	7~9	6~7.5	5~6.5
	>200	8~10	7~9	6~8
>1.5~3	≤50	5~6.5	4.5~5.5	4~5
	>50~200	6~7.5	5~6.5	4.5~5.5
	>200	7~8.5	6~7.5	5~6.5

(2)拉深模间隙

拉深模凸、凹模之间的间隙对拉深力、零件质量、模具寿命等都有影响。间隙小,拉深力大,模具磨损大,但冲件回弹小,精度高。间隙过小,会使零件严重变薄甚至拉裂。间隙过大,坯料容易起皱,冲件锥度大,精度差。因此,应根据板料厚度及公差、拉深过程板料的增厚情况、拉深次数、零件的形状及精度要求等,正确确定拉深模间隙。

① 无压边圈的拉深模 拉深模单边间隙为

$$Z = (1 \sim 1.1)t_{\max} \tag{4.14}$$

式中:Z——拉深模单边间隙;

$t_{\max}$——板料厚度的上极限尺寸。

对于系数 1~1.1,小值用于末次拉深或精密零件的拉深,大值用于首次和中间各次拉深或精度要求不高零件的拉深。

② 有压边圈的拉深模 拉深模间隙可按表 4.9 确定。

表 4.9　有压边圈拉深时的单边间隙值

总拉深次数	拉深工序	单边间隙 Z	总拉深次数	拉深工序	单边间隙 Z
1	一次拉深	$(1\sim1.1)t$	4	第一、二次拉深	$1.2t$
2	第一次拉深	$1.1t$		第三次拉深	$1.1t$
	第二次拉深	$(1\sim1.05)t$		第四次拉深	$(1\sim1.05)t$
3	第一次拉深	$1.2t$	5	第一、二、三次拉深	$1.2t$
	第二次拉深	$1.1t$		第四次拉深	$1.1t$
	第三次拉深	$(1\sim1.05)t$		第五次拉深	$(1\sim1.05)t$

注:1. t 为厚度,取材料偏差的中间值(mm)。

　　2. 当拉深精密工件时,对最末一次拉深单边间隙取 $Z=t$。

对于精度要求高的零件,为了减小拉深后的回弹,常采用负间隙拉深模。其单边间隙值为

$$Z=(0.9\sim0.95)t \qquad (4.15)$$

五、特殊拉深方法与变薄拉深方法

1. 特殊拉深

用橡皮(以聚氨酯橡皮为代表)、液体或气体的压力(代替刚性凸模或凹模),使坯料在刚性凹模或凸模中成形的方法。

(1)橡皮拉深。采用橡皮凸模拉深时,由于坯料定位困难,零件底部变薄严重,故较少采用,较多的是采用橡皮凹模拉深。

橡皮拉深模结构如图 4.16 所示,橡皮装在上模的橡皮容框内,凸模是刚性的并且可以更换。橡皮拉深常在液压机上进行。这种方法因容框中的橡皮紧贴坯料表面而施压,从而有利于坯料变形,使允许的拉深系数减少,增大了零件一次成形的可能性。又由于模具结构简单,成本低廉,因而在生产批量不大的情况下得到了广泛应用。

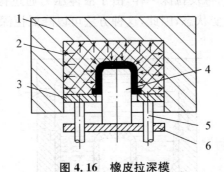

图 4.16　橡皮拉深模

1—容框;2—橡皮;3—压边圈;4—凸模;5—顶杆;6—凸模座。

(2)液压拉深。液压拉深也叫充液成形。液压拉深是一种直接利用液体,如水或油的压力而使坯料成形的拉深方法。液压拉深与橡皮拉深相比具有许多优点:橡皮囊寿命长、拉深深度大,能够达到更大的单位压力。根据变形特点和应用范围的不同,液压拉深

原则上分为以下两类。

① 液体充当拉深凸模。如图 4.17 所示为液压凸模拉深示意图,凹模仍采用普通凹模。压制零件的操作过程为将毛料置于凹模 1 的型腔上,它们之间用橡皮 8 密封,将凸模体 5 通过螺钉 3 和压板 2 与凹模 1 紧固,将液体注入凸模体与毛料构成的容腔,再将活塞杆 7 及端盖 6 用螺钉 9 紧固于凸模体 5 上。通过手动或机动将活塞杆向下推,活塞杆端部的活塞压缩液体而产生压力,液体压力将平板毛料压制变形而紧贴在凹模型腔上,得到所需的零件。这种液压凸模拉深主要用于拉深锥形件、半球形件和抛物线性件等。其优点是作用在毛料上的压力比较均匀,不存在像普通拉深模那样的压力集中现象。其缺点是在拉深过程中定位比较困难,零件容易拉偏。另外,由于轴向拉深变形厉害,零件底部变薄比较严重。

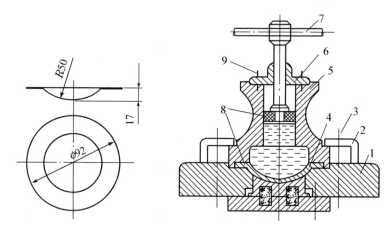

图 4.17　液压凸模拉深

1—凹模;2—压板;3,9—螺钉;4—零件;5—凸模体;6—端盖;7—活塞杆;8—橡皮。

② 液体充当拉深凹模。如图 4.18 所示为液压凹模拉深示意图,凸模仍为普通凸模。这类凹模结构,由于很高的液体压力把毛料紧紧压在凸模上,零件底部不易变薄,因而毛料定位比较容易。同时,与橡皮拉深一样,由于液体压力通过橡皮囊也压到毛料凸缘上,造成有利于拉深的应力应变状态,因此,这种方法可以降低拉深系数。

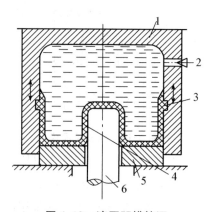

图 4.18　液压凹模拉深

1—高压容器;2—调压阀;3—橡皮囊;4—零件;5—压边圈;6—凸模。

2. 温差拉深

（1）局部加热拉深。利用分别装在压边圈和凹模上的电热元件对主要变形区凸缘区进行局部加热，如图 4.19 所示，以此提高其塑性，降低变形抗力；同时对凹模口与凸模内部通入冷水散热，以限制零件筒壁拉力传递区强度的降低程度，因而可获得较大的变形程度，适用于低塑性材料，如镁合金、钛合金和形状复杂零件的拉深成形。该方法的缺点是模具结构复杂，制造成本高。

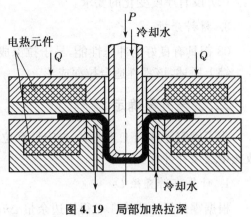

图 4.19　局部加热拉深

（2）深冷拉深。用液氮（－195 ℃）或液态空气（－183 ℃）通入凸模，将零件传力区冷却到－170 ℃～160 ℃而被强化，可大大降低拉深系数。

3. 脉动拉深

凸模并非连续工作，而是以脉动方式将板料拉入凹模。每个脉动行程长 $h=(0.1\sim0.2)f$，f 为压边圈在每个工作循环中的上抬间隙，$f=0.05(1-m)d/m$。每个行程都允许产生小的皱折，再用大的压边力将其压平，因此，可比普通拉深的拉深系数减少。如对盒形件一次脉动拉深可取代 3～4 次普通拉深。缺点是压边力大，需要脉动行程的专用设备。

4. 变薄拉深

对子弹壳、高压容器等侧壁厚与底厚不等而高度很高的零件，可用变薄拉深方法加工。其成形特点是使板料的直壁部分通过比板料厚度略小的凸凹模单边间隙受压变薄，使侧壁增高，零件侧壁厚度均匀，表面光滑，晶粒细密，强度提高。此外，因为变形区较小，所以拉深力减少，不致出现前述普通拉深（不变薄拉深）易出现的起皱现象，可省去压边圈，但所得零件的残余应力较大，需要回火。变薄拉深一般采用普通拉深所得的筒形件作为毛料。

【任务实施】

一、准备工作

1. 结构分析

（1）该零件为无凸缘圆筒形件，结构简单、对称。

（2）底部圆角半径 $r=2\ \text{mm}>t$，满足拉深工艺的要求。

2. 精度分析

（1）该零件所有尺寸都未标注尺寸公差，属于未注公差尺寸，因此，该零件的精度要求不高。

（2）没有厚度变化的要求。

3. 材料分析

08 钢具有良好的冲压性能,易于拉深成形。

综上所述,该零件适合拉深成形。

二、工艺方案确定

为了确定零件的工艺方案,先应计算拉深次数及有关工序尺寸。板料厚度 $t=1$ mm,故按中线尺寸计算。

1. 计算坯料直径 D

根据零件尺寸查表 4.1 得修边余量 $\Delta h=2.5$ mm。

由式(4.2)计算坯料直径

$$D=\sqrt{d^2+4dH-1.72dr-0.56r^2}$$

由零件图可得 $d=29$ mm, $r=2.5$ mm, $H=29.5$ mm $+2.5$ mm $=32$ mm,则 $D\approx66.5$ mm。

2. 判断能否一次拉深成形

$$\frac{t}{D}=\frac{1}{66.5}\approx1.5\%$$

查表 4.4 可知,该零件首次拉深需要用压边圈,采用压边圈后,首次拉深的拉深系数较小,可以减少拉深次数。

该零件的拉深系数为

$$m=\frac{d}{D}=\frac{29}{66.5}=0.44$$

根据 $\frac{t}{D}=1.5\%$,查表 4.3 得 $m_1=0.5$, $m_2=0.75$, $m_3=0.78$, $m_4=0.80$ 等。因 $m<m_1$,故该零件不能一次拉深成形,需要多次拉深。

3. 确定首次拉深工序件尺寸

调整好以后各次拉深系数如下: $m_1=0.53$, $m_2=0.82$。

各工序件直径为

$d_1=m_1D=0.53\times66.5$ mm $=35.2$ mm

$d_2=m_2d_1=0.82\times35.4$ mm $=28.9$ mm,取 $d_2=29$ mm

根据式(4.9)、式(4.10)和式(4.11),各次工序件底部圆角半径取值为

$r_1=5$ mm, $r_2=2.5$ mm

按式(4.4),可得各次拉深高度为

$$h_1=0.25\left(\frac{D^2}{d_1}-d_1\right)+0.43\frac{r_1}{d_1}(d_1+0.32r_1)$$

$$=\left[0.25\left(\frac{66.5^2}{35.2}-35.2\right)+0.43\times\frac{5}{35.2}(35.2+0.32\times5)\right]\text{mm}$$

$$=24.9 \text{ mm}$$

$$h_2 = 0.25\left(\frac{D^2}{d_2} - d_2\right) + 0.43\frac{r_2}{d_2}(d_2 + 0.32r_2)$$

$$= \left[0.25\left(\frac{66.5^2}{29} - 29\right) + 0.43 \times \frac{2.5}{29}(29 + 0.32 \times 2.5)\right]\text{mm}$$

$$= 32.0 \text{ mm}$$

4. 工艺方案

根据上述计算结果,此零件需要落料(圆形坯料)、两次拉深和切边(达到零件要求的直径 ϕ30 mm)共三道冲压工序。因此,生产该零件的工艺方案:落料与首次拉深复合模(或者落料→首次拉深)→第二次拉深→切边。

5. 工艺装备

本任务的工艺装备见表 4.10 所示。

表 4.10　拉深工具和设备

序号	名　　称	规格型号	数量	序号	名　　称	规格型号	数量
1	方头砧铁		1	8	弯剪刀	10″	1
2	中平锉	10″	1	9	钢板尺	300 mm	1
3	细平锉	10″	1	10	直角尺		1
4	木锤	圆柱形	1	11	游标卡尺	150 mm	1
5	划线平板	300×260	1	12	工作钳台		1
6	划针		1	13	拉深模具		1 套
7	铅笔	2B	1	14	压力机	JA11－250	1

三、操作步骤

第一步　调节压力机和拉深模。

① 将凸、凹模扣放在一起,吊放至压力机工作台,注意使模具的压力中心与压力机滑块中心对正。

② 操纵压力机,慢慢降下滑块,使滑块下平面与模具的上模板贴合,要求贴合严密,然后固定好凸模。

③ 以定好的凸模为基准,调整凸、凹模之间的间隙:取三根(或三根以上)与坯料等厚的板条,间距均匀地摆放在凹模口边缘处,操纵压力机使凸模下落,压下板条挤入凹模,由于凹模未固定,随之确定了凹模的位置和凸、凹模之间的间隙。

④ 操纵压力机使凸模起落几个行程,使凹模处于合适位置后,再将其固定。

⑤ 升起凸模,撤去板条,对模具的工作表面进行清理,按工艺要求,涂上适当的润滑剂。

⑥ 检查压边圈、卸料装置是否完好。

第二步　根据图样要求,做出样板。

第三步　将坯料置于凹模上,在圆形凹模的外缘上进行找正,压紧压边圈,开动压力机进行拉深。

第四步　拉深完成后,迅速升起凸模,利用卸料销将工件自动卸下,落在凹模底部,然后取出。与上述步骤类似,进行第二次拉深。

第五步　清理模具:清除氧化皮,检查压边圈、卸料装置等,对模具工作部位进行润滑。工作结束后,操纵压力机,将凸模落入凹模,顺序卸下凸模和凹模,进行清理。

四、结束工作

第一步　清点工具和量具,摆放规范整齐,外表完好。

第二步　清扫工作现场,保持工位文明整洁,符合安全文明生产。

第三步　填写工作评价单。

【任务评价】

根据表4.11评分表,可对任务进行评价和总结。

表 4.11　拉深成形评分表

拉深成形技能操作评分			总分				
序号	考核项目	配分 T	评分标准			检测结果	得分
			$\leqslant T$	$>T,\leqslant 2T$	$>2T$		
1	$\phi 30$	20	20	5	0		
2	$90°$	10	10	5	0		
3	30	15	15	0	0		
4	$R2$	15	15	0	0		
5	表面质量:无裂纹、夹伤、划伤、锤痕等	20	发现一处扣2分				
6	技术安全和文明生产	20	违反规定扣5~10分				

【思考与练习】

1. 什么叫拉深成形? 拉深成形可以成形哪些零件?

2. 简述拉深过程材料起皱和破裂的原因。

2. 简述筒形件拉深过程。

3. 筒形件的拉深次数含义是什么? 有何意义?

4. 常见的特殊拉深有哪些?

项目 5

手工成形

任务 1　手工弯曲

【任务描述】

如图 5.1 所示，按图样尺寸用厚度为 1.0 mm，LY12M 材料，手工弯曲制作工件（a 为变动尺寸）。

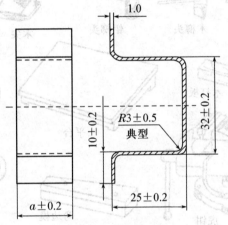

图 5.1　手工弯曲零件

技术要求：

1. 尺寸公差为 ±0.2 mm。

2. 角度公差为 ±30′。

3. 平面度 ≤0.5 mm。

4. 表面无划痕、压伤、裂纹等。

【知识准备】

一、概述

将板材、型材或管材等弯成一定角度和曲度，形成一定形状零件的方法称为弯曲。单

— 79 —

件、小批生产中的较小零件或用机床难以弯曲成形的零件,需采用手工弯曲。典型弯曲件如图 5.2 所示,手工弯曲所用的工具,如图 5.3 所示。

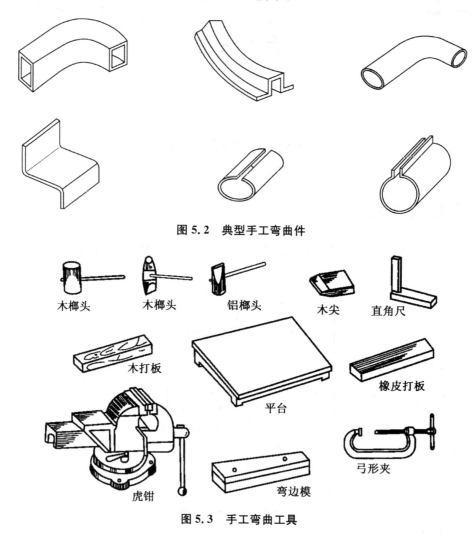

图 5.2　典型手工弯曲件

图 5.3　手工弯曲工具

二、弯曲过程的变形分析

1. 弯曲前

板料断面上三条线段的长度相等,即 $a'b'=ab=a''b''$,如图 5.4(a)所示。

2. 弯曲后

(1) 长度的变化,如图 5.4(b)所示。

① 材料内层受压,长度缩短。

② 材料外层受拉,长度伸长,即 $a'b'<ab<a''b''$。

③ 材料的中性层,长度不变。

(2) 宽度的变化。

　　① 当弯曲宽度 $B \leqslant 3t$（t 为材料厚度）时,弯曲区的外表面宽度变窄,而其内表面宽度变宽,如图 5.4(c)所示。

　　② 当弯曲宽度 $B > 3t$ 时,由于横向变形受到宽度方向大量材料的阻碍,宽度基本不变。

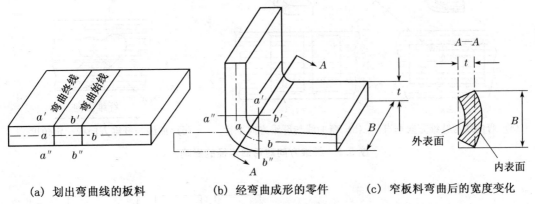

|(a) 划出弯曲线的板料|(b) 经弯曲成形的零件|(c) 窄板料弯曲后的宽度变化|

图 5.4　板料弯曲时的变形

　　在材料厚度之间有一层长度不变,这一层叫作中性层。当金属板料塑性弯曲时,中性层的位置不是固定不变的,它是随着弯曲件的弯曲半径大小(即曲率大小)等发生变化。在一般情况下,这种变化不大,通常近似取在材料厚度的中间位置。要确定弯曲件展开料时,以中性层为基准进行计算。

　　板料经过弯曲后,弯曲区的厚度一般要变薄,并产生冷作硬化。如果反复弯曲或弯曲半径太小,很容易断裂。因此,弯曲时对弯曲次数和弯曲半径要严加限制。

三、最小弯曲半径

　　最小弯曲半径是指弯曲零件的内弯曲半径 R 所允许的最小值。不同材料的最小弯曲半径的数值是不同的,使用时按材料牌号和状态查表可得。影响最小弯曲半径的主要因素有以下几个方面。

　　1. 材料的力学性能及加工硬化程度

　　当材料的抗拉强度低、塑性差而加工硬化严重时,最小弯曲半径值大;反之就小。

　　2. 弯曲角度

　　当材料相同时,弯曲角度越大,最小弯曲半径值就应越大;反之就越小。

　　3. 材料的纤维方向

　　材料的纤维方向,如图 5.5 所示。

　　(1) 垂纹弯曲时最小弯曲半径值小,如图 5.5(a)所示。

　　(2) 顺纹弯曲时最小弯曲半径值大,如图 5.5(b)所示。

　　(3) 与纤维方向成 $45°$ 方向弯曲时最小弯曲半径值介于前两者之间,如图 5.5(c)所示。弯曲线与纤维方向一般应保持 $60°$,最小不能小于 $30°$,否则易产生裂纹。

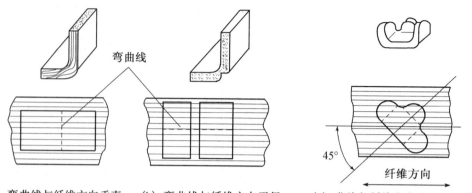

(a) 弯曲线与纤维方向垂直　　(b) 弯曲线与纤维方向平行　　(c) 曲线与纤维方向成一定角度

图5.5　纤维方向对弯曲半径的影响

4. 板料的边缘状况

板料的边缘状况如图5.6所示。边缘有毛刺、加工硬化、表面划伤等缺陷，弯曲时易裂，因而需适当增大最小弯曲半径。

(1) 位于弯曲部位的板料边缘要消除毛刺。

(2) 弯边的交接处在允许的情况下，应钻出止裂孔。止裂孔的大小一般为 $\phi \geq t + R$，止裂孔的中心在两弯曲中心线的交点上。

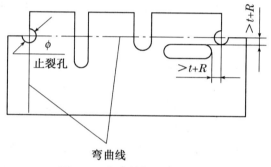

图5.6　弯曲件板料边缘状况

(3) 弯曲线与开孔或开口的边距应大于弯曲半径与材料厚度之和。

5. 板料的表面状态

如果弯曲材料表面有缺陷（如麻坑、锈蚀、划痕、毛刺、裂纹、硬化等），就会造成应力集中，允许的最小弯曲半径值就要增大。弯曲时应将板料有缺陷的表面作为弯曲内表面。

四、弯曲件展开尺寸的计算

弯曲件展开尺寸正确与否，直接影响零件的质量和生产效率。因为展开尺寸如果计算不准确会导致零件报废、材料浪费或增加修整工作量。弯曲件展开尺寸的计算方法有理论计算法、简化计算法和图解法，图解法这里不作讲解。

1. 理论计算法

(1) 弯曲半径很小 $\left(R < \dfrac{t}{2}\right)$ 时，展开尺寸计算法。

① 单角弯曲件展开尺寸，如图5.7(a)所示。

$$L = L_1 + L_2 + Kt \tag{5.1}$$

式中：K——修正系数，介于 $0.48 \sim 0.5$ 之间，软料取小值，硬料取大值；

　　L_1，L_2——直边内表面交线长度；

t——材料的厚度。

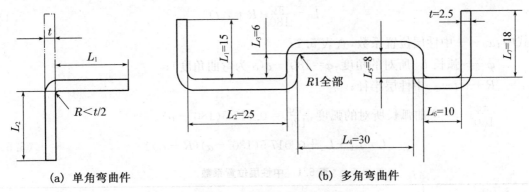

(a) 单角弯曲件　　　　(b) 多角弯曲件

图 5.7　小弯曲半径的弯曲件

② 多角弯曲件展开尺寸,如图 5.7(b)所示。

$$L = L_1 + L_2 + L_3 + \cdots + L_n + (n-1)K_1 t \qquad (5.2)$$

式中:K_1——修正系数,双角弯曲时介于 0.45~0.48 之间,多角弯曲时为 0.25(对于塑性好的材料可降至 0.125);

　　$L_1, L_2, \cdots, L_n$——直边内表面交线长度;

　　t——材料的厚度。

例 5.1　计算如图 5.7(b)所示零件的展开尺寸。

解　取 $K_1 = 0.25$,将各值带入式(5.2),得

$$\begin{aligned}
L &= L_1 + L_2 + L_3 + \cdots + L_n + (n-1)K_1 t \\
&= L_1 + L_2 + L_3 + L_4 + L_5 + L_6 + L_7 + (7-1) \times 0.25 \times 2.5 \\
&= 15 + 25 + 6 + 30 + 8 + 10 + 18 + 6 \times 0.25 \times 2.5 = 115.75 \text{ mm}
\end{aligned}$$

(2) 中性层展开计算法。当弯曲件的弯曲半径 $R > \dfrac{t}{2}$ 且弯曲角度 α 为任意角时,其展开长度等于各直线部分长度和圆弧部分长度之和,如图 5.8 所示。

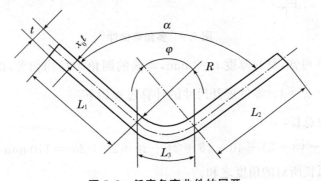

图 5.8　任意角弯曲件的展开

$$L = L_1 + L_2 + L_3 \qquad (5.3)$$

式中:L_1, L_2——直边内表面交线长度;

　　L_3——中性层的弧长。

① 中性层弧长 L_3 的计算,即

$$L_3 = \frac{\pi\varphi}{180°}(R + x_0 t) \tag{5.4}$$

式中: x_0——中性层位置系数,查表 5.1;

　　　φ——弧长 L_3 所对的角度, $\varphi = 180° - \alpha$ (α 为弯曲角度);

　　　$R + x_0 t$——中性层半径;

　　　$\frac{\pi\varphi}{180°}$——弯曲弧长所对的弧度, $\frac{\pi\varphi}{180°} = 0.017\,5(180° - \alpha)$ 。

$$L = L_1 + L_2 + 0.017\,5(180° - \alpha)(R + x_0 t) \tag{5.5}$$

表 5.1　中性层位置系数

$\frac{R}{t}$	0.1	0.25	0.5	1.0	2.0	3.0	4.0	4 以上
x_0	0.32	0.35	0.38	0.42	0.46	0.47	0.48	0.5

② 中性层位置。中性层的长度在弯曲前后不变,但中性层的位置是变化的。当相对弯曲半径 $\frac{R}{t} \leqslant 4$ 时,中性层的位置向内表面移动;当 $\frac{R}{t} > 4$ 时,中性层位置可认为在板材厚度的 $\frac{1}{2}$ 处。

例 5.2　计算如图 5.9 所示零件的展开尺寸。

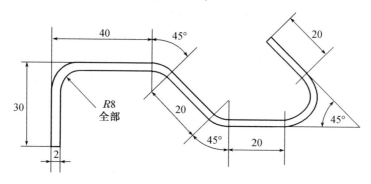

图 5.9　多角弯曲件

解　从图 5.9 可知:材料厚度 $t = 2$ mm,弯曲的圆角半径均相等,即全部 $R = 8$ mm,相对弯曲半径 $\frac{R}{t} = \frac{8}{2} = 4$ 。零件展开尺寸的计算过程如下:

Ⅰ.求直线段总长:

$$\sum L_{值} = 30 - (8 + 2) + 40 - (8 + 2) + 20 + 20 + 20 = 110 \text{ mm}$$

Ⅱ.求弯曲弧长所对的角度之和:

$$\sum \varphi = 90° + 45° + 45° + 180° - 45° = 315°$$

Ⅲ.求总弧长:

按相对弯曲半径 $\frac{R}{t} = 4$,查表 5.1 得 $x_0 = 0.48$,有

$$\sum L_{\text{弧}} = \frac{\pi}{180°}\sum\varphi(R+x_0 t) = 0.017\,5\times315\times(8+0.48\times2) = 49.39 \text{ mm}$$

Ⅳ. 求展开尺寸:

$$\sum L_{\text{展}} = \sum L_{\text{值}} + \sum L_{\text{弧}} = 110+49.39 = 159.39 \text{ mm}$$

2. 简化计算法

(1) 薄铝板单角的直角弯曲件展开尺寸(如图 5.10)为

$$L=a+b-\left(\frac{R}{2}+t\right) \tag{5.6}$$

(2) 弯曲180°且$\frac{R}{t}\approx0.1$弯曲件展开尺寸(如图 5.11)为

$$L=A+B-\frac{t}{2} \tag{5.7}$$

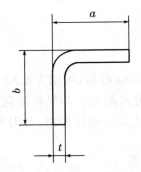

图 5.10 单角直角弯曲件

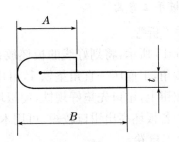

图 5.11 180°单角弯曲件

例 5.2 计算如图 5.12 所示零件的展开尺寸。

解 如图 5.12 所示,可知弯曲半径 $R=2$ mm,材料厚度 $t=2$ mm。

用简化计算法计算其展开尺寸为

$$L=200+20+15-\left(\frac{R}{2}+t\right)-\frac{t}{2}=235-\left(\frac{2}{2}+2\right)-\frac{2}{2}=231 \text{ mm}$$

(3) 直角弯边件弯曲前展开料高出模块尺寸 b 的计算(如图 5.13)为

$$b=H-0.2(2R+t) \tag{5.8}$$

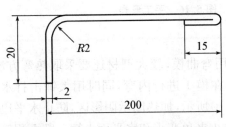

图 5.12 适用简化展开法的弯曲件

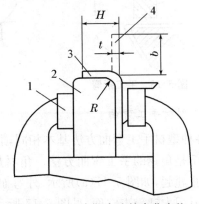

图 5.13 c直角弯边的弯曲定位

1—钳口;2—模块;3—弯曲零件;4—弯曲前展开料。

（4）用折弯模弯直角时,定位板至弯折中心的距离 b' 的计算（如图 5.14）为

$$b' = H - 0.2(R + 3t) \qquad (5.9)$$

简化计算法对于多角弯曲计算出的展开尺寸误差较大,故不适用。上述弯曲零件展开尺寸的计算,没有考虑各种材料的性质、变形速度、弯曲方式、模具结构及零件精密程度等,因此,展开尺寸计算值应通过试验加以修正。具体应用某种方法,要根据零件的实际情况及要求确定。

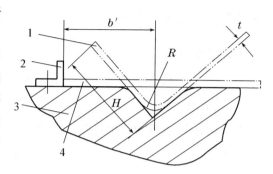

图 5.14　用折弯模弯直角时的定位
1—弯曲件;2—定位板;3—模块;4—弯曲前展开料。

五、手工弯曲的基本方法

1. 薄板手工弯曲

（1）手工折弯

如图 5.15 所示,将划好线的板坯放在规铁（如折 90° 弯角,可用方铁）2 上,使折弯线对好规铁棱角,上面压一直角垫铁 1,再用木锤或木方尺敲击。如果板坯宽度不大,可直接夹在台虎钳上,钳口先垫好规铁,使板坯上的弯曲线对好规铁棱角,再用木锤敲击到所需折弯角。若板坯高出钳口较短,可用木块垫着锤击。

（2）手工弯卷

① 卷圆柱面与椭圆柱面,如图 5.16(a)所示。将坯料放在槽钢或工字钢上锤击,然后套在直径略小的圆棒（也可用工字钢或槽钢代替）上,用木制方尺（俗称抽条）校圆,如图 5.16(c)所示。

② 卷圆锥面,如图 5.16(b)和(c)所示。按扇形坯料所画等分角固定两根直径相同的圆棒,将板坯置于棒上锤击而成,随时用样板检查,最后套在直径略小的圆棒（或工字钢、槽钢）上矫正。若在槽钢上成形,则锤击曲率大处应重且密。

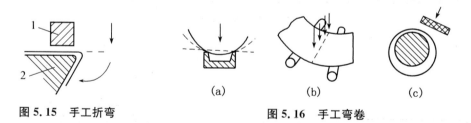

图 5.15　手工折弯　　　　　**图 5.16　手工弯卷**

2. 型材手工弯曲

各种型材手工弯曲方法基本相同,通常都要用弯曲模,较大型材还要采取热弯方法。图 5.17 是角钢的手工弯曲方法。角材加热后卡在模 1 进行内弯,同时用大锤击打水平边,防止翘起,如图 5.17(a)所示;外弯如图 5.17(b)所示,加热图示阴影区,防止水平边凹陷,同时用大锤敲击立面,见图 5.17 所示剖面,防止夹角变小和水平面上翘。断面积较大的型材难以手工弯曲,可在平台上用钢桩组成弯曲模,再用卷扬机或电动葫芦吊、手动葫

芦吊通过钢丝绳或链子对型材施力,简单方便省力。

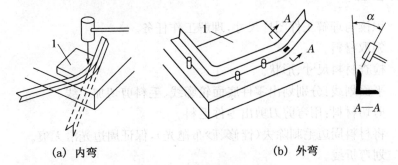

(a) 内弯　　　　　　　　　　(b) 外弯

图 5.17　手工弯曲角型材

【任务实施】

一、准备工作

1. 材料准备

材料规格:δ1.0 mm×100 mm×40 mm;材料牌号:LY12M;数量:1件。

2. 工艺装备

本任务的工艺装备见表 5.2 所示。

表 5.2　手工弯曲工具和设备

序号	名　称	规格型号	数量	序号	名　称	规格型号	数量
1	方头砧铁		1	12	铅笔圆规		1
2	平台		1	13	铅笔	2B	1
3	胶木冲		1	14	高度游标尺	300 mm	1
4	中平锉	10″	1	15	钢板尺	300 mm	1
5	细平锉	10″	1	16	直角尺		1
6	木锤	圆柱形	1	17	游标卡尺	150 mm	1
7	弯边模		1	18	弧线样板	反切外	1
8	弯剪刀	10″	1	19	工作钳台		1
9	划线平板	300×260	1	20	手动剪床		1
10	划针		1	21	橡皮打板		1
11	划规	100	1	22	砂布		若干

二、操作步骤

第一步　识读与理解工件图样尺寸,理解工作任务。

第二步　领取材料。

第三步　检查材料尺寸、形状。

第四步　平面划线:分别划出零件底面轮廓线、毛料剪切加工线。

第五步　剪切材料:用弯剪刀剪出零件毛料。

第六步　将材料周边毛刺除去(锉修、砂布抛光),保证周边光滑无痕。

第七步　划弯折线。

第八步　弯曲成形。

(1)将毛料按弯曲线夹在弯曲模之间,毛料弯曲中线对准弯曲模圆角半径 R 中心,弯曲模在虎钳上要夹紧并垫实。

(2)用橡皮打板打到材料,再把打板平放于弯边面上,用木锤打至贴模。该方法可使 R 处平直、光滑无锤痕。

(3)用木锤和木尖将 R 处从头至尾均匀锤击一遍,使其贴模。

(4)将零件取下靠在轨铁平面上,用木锤和尖顶板将 R 处从头至尾均匀顶一遍,使材料收缩贴模,消除零件回弹、翘曲及反凹。

(5)修正贴模。最后将零件夹在弯曲模中,用橡皮打板打至贴模。

(6)依据图纸检查弯边尺寸,保证弯边平直,弯边尺寸准确,符合公差要求。第一个弯边完成。

对于多次弯曲,操作时一定要注意弯曲的顺序,一般是先里后外,这样比较容易保证弯曲件各部分的尺寸。每次弯折后要对照图纸逐一检查,保证弯边平直,弯边尺寸准确,如果出现扭歪、错位等现象要及时修正,符合要求后再进行下一个尺寸的弯折,否则造成误差积累无法返修。

第九步　按图纸检查修整,满足技术要求,锉修边缘毛刺。

三、结束工作

第一步　清点工具和量具,摆放规范整齐,外表完好。

第二步　清扫工作现场,保持工位文明整洁,做到安全文明生产。

第三步　填写工作评价单。

【任务评价】

根据表5.3,可对任务进行评价和总结。

表5.3 手工弯曲评分表

手工弯曲技能操作评分			总分				
序号	考核项目	配分 T	评分标准			检测结果	得分
			$\leqslant T$	$>T,\leqslant 2T$	$>2T$		
1	32±0.2	10	10	0	0		
2	25±0.2(2处)	5×2	5	0	0		
3	10±0.2(2处)	5×2	5	0	0		
4	$R3\pm0.5$(典型)	10	10	0	0		
5	40±0.2	10	10	0	0		
6	90°±30′(4处)	5×4	5	0	0		
7	平面度<0.5	10	10	0	0		
8	表面质量:无裂纹、夹伤、划伤、锤痕等	10	发现一处扣2分				
9	技术安全和文明生产	10	违反规定扣5~10分				

【思考与练习】

1. 什么叫弯曲?

2. 什么叫最小弯曲半径?影响最小弯曲半径的主要因素有哪些?

3. 什么叫弯曲回弹?影响回弹因素有哪些?

任务2 放 边

【任务描述】

如图5.18所示,按图样尺寸用厚度为1.0 mm,LY12M材料,放边制作半圆形直角工件。

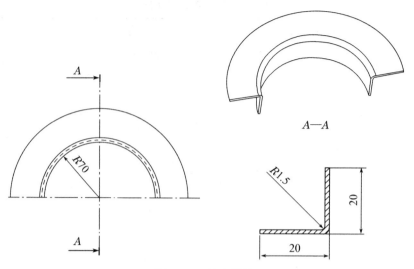

图 5.18　放边零件

技术要求：

1. 未注尺寸公差均为±0.5 mm。

2. 角度公差为±30′。

3. 平面度≤0.5 mm。

4. 表面无划痕、压伤、裂纹等。

【知识准备】

一、概述

1. 放边的概念

放边是指采用使零件某一边变薄伸长的方法来制造凹曲线弯边零件，如图 5.19 所示。

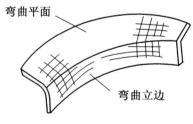

图 5.19　手工放边工件

2. 放边的工具

放边工具有木榔头、铝榔头、胶木榔头、轨铁、铁砧、平台、橡皮打板等，如图 5.20 所示。

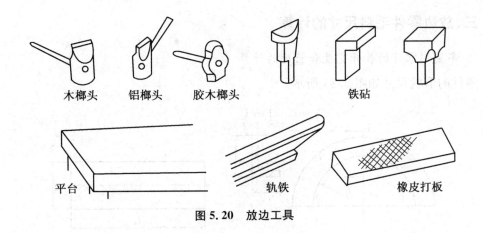

木榔头　铝榔头　胶木榔头　铁砧

平台　轨铁　橡皮打板

图 5.20　放边工具

二、放边的基本方法

1. 打薄放边

如图 5.21 所示,将角材一翼放在方铁上,使其内侧可靠贴合(否则锤击时易翘曲),选用一端窄口一端圆头的铝榔头或胶木榔头对弯曲部位锤击。锤击范围应控制在锤放面靠外缘 3/4 范围内,锤痕呈放射状分布;边锤边用样板检查。在放边过程中,材料会产生冷作硬化,发现材料变硬后,应退火消除冷作硬化,否则若继续锤放,材料易裂。

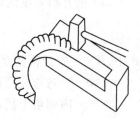

图 5.21　打薄放边

2. 拉薄放边

如图 5.22 所示,将要放的一边置于厚橡皮或木墩上锤放。在锤击时,锤痕两侧的材料还对受击线有拉伸作用,所以零件被击表面较光滑但成形速度低。在制造凹曲线弯曲零件时,为防止裂纹,可事先用此法放展毛料,后弯制弯边,这样交替进行,形成凹曲线钣金弯边零件。

3. 型胎放边

如图 5.23 所示,用木锤在型胎上通过顶木进行锤放,木锤打击顶木,顶木冲击毛料伸展,也可直接用木锤锤击毛料伸展。

图 5.22　拉薄放边

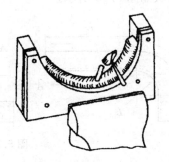

图 5.23　型胎放边

三、放边零件毛料尺寸的计算

1. 半圆形零件的展开宽度和长度的计算

零件的形状尺寸如图 5.24 所示。

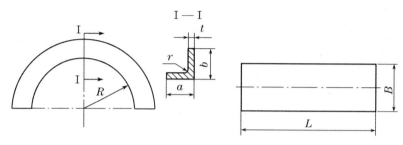

图 5.24　半圆形零件

（1）展开料宽度的计算。

$$B = a + b - \left(\frac{r}{2} + t\right) \qquad (5.10)$$

式中：B——展开料宽度；

　　　a,b——弯边宽度；

　　　r——内圆角半径；

　　　t——材料厚度。

（2）展开料长度的计算。

展开长度由于在放边的平面中各处材料伸展程度的不同，外缘变薄量大，伸展得多，内缘变薄量小，伸展得少，所以展开料长度取放边宽度 b 的一半处的弧长来计算。

$$L = \pi\left(R + \frac{b}{2}\right) \qquad (5.11)$$

式中：L——展开料长度；

　　　R——零件弯曲半径；

　　　b——放边宽度。

2. 直角形零件展开尺寸的计算

零件形状如图 5.25 所示。

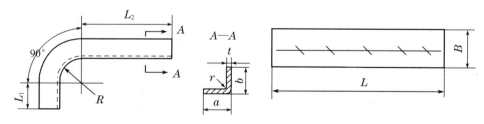

图 5.25　直角形零件

（1）展开料宽度的计算

$$B=a+b-\left(\frac{r}{2}+t\right) \tag{5.12}$$

式中：B——展开料宽度；

a,b——弯边宽度；

r——内圆角半径；

t——材料厚度。

（2）展开料长度的计算，即

$$L=L_1+L_2+\frac{\pi}{2}\left(R+\frac{b}{2}\right) \tag{5.13}$$

式中：L_1,L_2——直线段长度；

R——零件弯曲半径；

b——放边宽度。

 【任务实施】

一、准备工作

1. 材料准备

材料规格：$\delta1.0\ mm\times220\ mm\times40\ mm$；材料牌号：LY12M；数量：1件。

2. 工艺装备

本任务的工艺装备见表5.4所示。

表5.4 放边工具和设备

序号	名　称	规格型号	数量	序号	名　称	规格型号	数量
1	方形砧铁		1	10	钢板尺	300 mm	1
2	中平锉	10″	1	11	卡尺	0.02 mm	1
3	细平锉	10″	1	12	半圆样板	$R70$	1
4	木锤	圆柱形	1	13	直角尺		1
5	铝锤	扁头	1	14	游标卡尺	150 mm	1
6	弯剪刀	10″	1	15	工作钳台		1
7	划线平板	300×260	1	16	手剪机		1
8	划针		1	17	折边机	手动450	1
9	铅笔	2B	1				

二、操作步骤

第一步　识读与理解工件图样尺寸，理解工作任务。

第二步　检查材料尺寸、形状,四边去毛刺(锉修),保证四边光滑无痕。

第三步　划长度方向中心线(2B铅笔)。

第四步　沿长度方向中心线,在折边机上完成90°直角折边。

第五步　用直角尺检查工件垂直度并符合图纸要求。

第六步　在钳台将方形砧铁垂直夹紧在钳口左侧面,将弯曲工件平放在方形砧铁上,用手压紧。

第七步　加工面锤展:用铝锤扁头端(长度方向轴线与工件直角棱边垂直)以与加工面呈3～6°夹角,锤击工件表面(外重、内轻,锤痕相接,用力均匀,间隔均匀),锤击从加工面一端至另一端。

> **注意:**锤击点在整个工件表面上分布要均匀,不要敲击到弯折线,锤击范围应在加工面靠外缘3/4平面范围内。

第八步　锤平:将工件反面翻置过来,采用铝锤圆平头一端锤击,将加工面形成凸起锤平,保证锤展表面平整、光滑。

> **注意:**锤击时,保证距直角棱边2mm内不锤击,以免棱边变长。锤击力度不要过大,锤击点均匀,消除翘边现象。

第九步　用R70样板检查工件弧度变化情况,根据检查结果调整延展量。

> **注意:**勤用样板检查弯曲度,不要锤放过量;如发现边缘有裂纹应用小圆锉及时锉修出光滑圆弧过渡。

第十步　重复第七、八、九步直至工件内弧面与样板全面贴合,加工面表面厚度均匀、平整、光滑。

第十一步　成形后用样板检查弯曲度应在工作90%的范围内贴合,用卡尺检查边高应为20mm。

第十二步　在加工面按半圆形状和宽度20mm画出加工线,用弯剪刀去除两端和加工面外缘余料,用锉刀锉修光滑。

第十三步　修整工件使其形状、尺寸全面符合图纸要求。

三、结束工作

第一步　清点工具和量具,摆放规范整齐,外表完好。

第二步　清扫工作现场,保持工位文明整洁,符合安全文明生产。

第三步　填写工作评价单。

 【任务评价】

根据表5.5,可对任务进行评价和总结。

表 5.5 放边评分表

序号	考核项目	配分 T	$\leq T$	$>T,\leq 2T$	$>2T$	检测结果	得分
	放边技能操作评分		总分				
			评分标准				
1	$R70\pm 0.5$	15	15	5	0		
2	$20^{+1.0}_{-0.5}$	15	15	0	0		
3	$R1.5\pm 0.5$	10	10	0	0		
4	$90°\pm 30'$	10	10	5	0		
5	平面度≤ 0.5	10	10	0	0		
6	表面质量:无裂纹、夹伤、划伤、锤痕等	20	发现一处扣2分				
7	技术安全和文明生产	20	违反规定扣5～10分				

【思考与练习】

1. 什么叫放边？常用的放边方法有哪几种？

2. 试分析图 5.26 所示 J 形零件的放边操作过程。

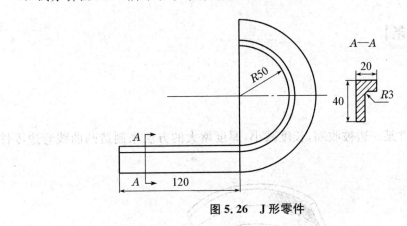

图 5.26 J 形零件

任务 3 收 边

【任务描述】

如图 5.27 所示,按图样尺寸用厚度为 1.0 mm,LY12M 材料,收边制作半圆形直角工件。

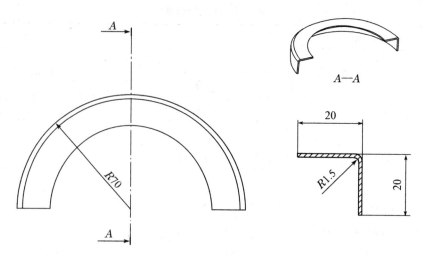

图 5.27 收边零件

技术要求:

1. 未注尺寸公差均为±0.5 mm。

2. 角度公差为±30′。

3. 平面度≤0.5 mm。

4. 表面无划痕、压伤、裂纹等。

【知识准备】

一、概述

1. 收边的概念

收边是用角形件某一边被收缩,长度减小,厚度增大的方法来制造凸曲线弯边零件,如图 5.28 所示。

图 5.28 手工收边工件

2. 收边的工具

收边工具有木榔头、铝榔头、胶木榔头、轨铁、橡皮板、圆口钳、波纹钳等,如图 5.29 所示。

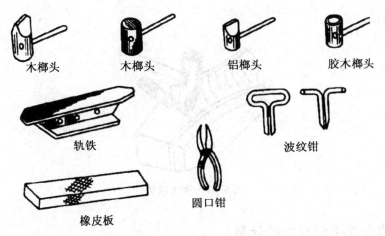

木榔头　　木榔头　　铝榔头　　胶木榔头

轨铁　　　　　　　　　　波纹钳

圆口钳

橡皮板

图 5.29　收边工具

二、收边的基本方法

1. 折皱钳折皱(折波钳起波)收边

用折皱钳起皱,在规铁上用木槌敲平,如图 5.30 所示。折皱钳用 8～10 mm 的钢丝弯曲后焊成,表面要光滑,以免划伤工件表面。

图 5.30　皱缩

2. 用橡皮打板收边

在修整零件时,用橡皮抽打,使材料收缩。橡皮打板用中等硬度,宽 60～70 mm、厚15～40 mm 的橡皮板制造,长度可根据需要确定,如图 5.31 所示。

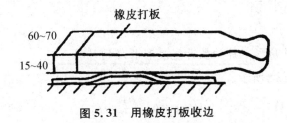

橡皮打板

60～70

15～40

图 5.31　用橡皮打板收边

3. 搂边收边

坯料夹在型胎上,用铝锤顶住坯料,用木槌敲打顶住部分,这样坯料逐渐被收缩靠胎,如图 5.32 所示。

图 5.32　搂边收边

三、收边零件毛料尺寸的计算

1. 角材收边成半圆形零件的展开宽度和长度的计算

零件的形状尺寸如图 5.33 所示。

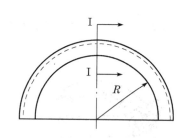
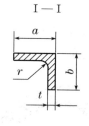
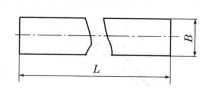

图 5.33　半圆形零件

展开料宽度的计算：
$$B = a + b - \left(\frac{r}{2} + t\right) \tag{5.14}$$

展开料长度的计算：
$$L = \pi(R + b) \tag{5.15}$$

式中：B——展开料宽度；

　　　L——展开料长度；

　　　a, b——弯边宽度；

　　　r——圆角半径；

　　　R——零件弯曲半径；

　　　t——材料厚度。

2. 角材收边成直角形零件的展开宽度和长度的计算

零件形状如图 5.34 所示。

展开料宽度的计算：
$$B = a + b - \left(\frac{r}{2} + t\right) \tag{5.16}$$

展开料长度的计算：
$$L = L_1 + L_2 + \frac{\pi}{2}(R + b) \tag{5.17}$$

式中：B——展开料宽度；

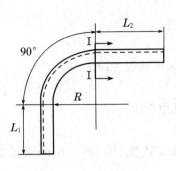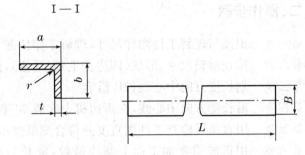

图 5.34　直角形零件

L_1,L_2——直线段长度；

a,b——弯边宽度；

r——圆角半径；

R——弯曲半径；

t——材料厚度。

【任务实施】

一、准备工作

1. 材料准备

材料规格：$\delta 1.0\ mm\times 230\ mm\times 40\ mm$；材料牌号：LY12M；数量：1件。

2. 工艺装备

本任务的工艺装备见表 5.6 所示。

表 5.6　收边工具和设备

序号	名　称	规格型号	数量	序号	名　称	规格型号	数量
1	圆形砧铁		1	10	钢板尺	300 mm	1
2	中平锉	10″	1	11	半圆样板	R70	1
3	细平锉	10″	1	12	直角尺		1
4	木锤	圆柱形	1	13	游标卡尺	150 mm	1
5	铝锤	扁头	1	14	划线平板	300×260 mm	1
6	折波钳		1	15	工作钳台		1
7	弯剪刀	10″	1	16	手剪机		1
8	划针		1	17	折边机	手动 450	1
9	铅笔	2B	1				

二、操作步骤

第一步　识读与理解工件图样尺寸,理解工作任务。

第二步　检查材料尺寸、形状,四边去毛刺(锉修),保证四边光滑无痕。

第三步　划长度方向中心线(2B 铅笔)。

第四步　沿长度方向中心线,在折边机上完成 90°直角折边。

第五步　用直角尺检查工件垂直度并符合图纸要求。

第六步　用折波钳在加工面上制作波纹:波长＝2/3 边宽、波高＝10 mm、波宽＝10 mm、波间距离 5～15 mm,第二遍与第一遍交错进行。

> **注意:**波纹高度与宽度相等,约为 10 mm,长度约为加工面宽度的 2/3,每个波纹间隔约为加工面的宽度。

第七步　在钳台将圆形砧铁垂直夹紧在钳口左侧面,将弯曲工件平放在圆形砧铁上,用手从外侧压紧。

第八步　锤平:采用综合收口法沿波弧度的法线方向用木锤锤击,同时另一只手压在非加工面,防止工件回弹,使波峰逐渐形成凸起,最后锤平。

> **注意:**用木榔头沿 45 度斜角向下敲击波口,在口部制作向下弯曲的封口,锤击时,保证距直角棱边 2 mm 内不锤击,以免棱边变长。敲击过程中要防止波纹倒伏;发现边缘有裂纹,应用小圆锉及时锉修出光滑圆弧过渡。

第九步　用铝锤修整表面形状(铝锤大平面端),保证收缩表面平整、光滑。

第十步　用 R70 样板检查工件弧度变化情况,根据检查结果调整收缩量。

第十一步　重复六、七、八、九、十步直至工件内弧面与样板全面贴合,加工面表面平整、光滑。

第十二步　成形后用样板检查弯曲度应在工作 90％的范围内贴合,用卡尺检查边高应为 20 mm。

第十三步　在加工面按半圆形状和宽度 20 mm 画出加工线,用弯剪刀去除两端和加工面外缘余料,用锉刀锉修光滑。

第十四步　修整工件使其形状、尺寸全面符合图纸要求。

三、结束工作

第一步　清点工具和量具,摆放规范整齐,外表完好。

第二步　清扫工作现场,保持工位文明整洁,做到安全文明生产。

第三步　填写工作评价单。

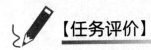

【任务评价】

根据表 5.7,可对任务进行评价和总结。

表 5.7 收边评分表

收边技能操作评分			总分				
			评分标准			检测结果	得分
序号	考核项目	配分 T	$\leqslant T$	$>T,\leqslant 2T$	$>2T$		
1	$R70\pm0.5$	15	15	5	0		
2	20 ± 0.5	15	15	0	0		
3	$R1.5\pm0.5$	10	10	0	0		
4	$90°\pm30'$	10	10	5	0		
5	平面度<0.5	10	10	0	0		
6	表面质量:无裂纹、夹伤、划伤、锤痕等	20	发现一处扣 2 分				
7	技术安全和文明生产	20	违反规定扣 5～10 分				

【思考与练习】

1. 什么叫收边？常用的收边方法有哪几种？
2. 试分析图 5.35 所示"∩"形零件的收边操作过程。

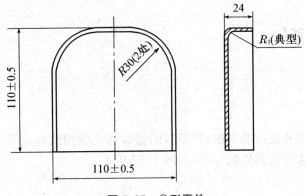

图 5.35 ∩形零件

任务4 拔 缘

【任务描述】

如图 5.36 所示，按图样尺寸用厚度为 1.0 mm，LY12M 材料，拔缘加工制作桶形工件。

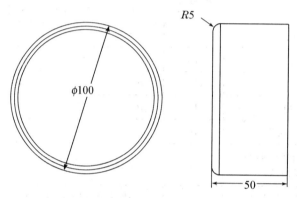

图 5.36 桶形拔缘零件

技术要求：

1. 未注尺寸公差均为±0.5 mm。

2. 角度公差为±30′。

3. 平面度≤0.5 mm。

4. 表面无划痕、压伤、裂纹等。

【知识准备】

一、概 述

1. 拔缘的概念

拔缘是利用收边和放边的方法，将板料的边缘加工成曲线弯边零件。拔缘分为内拔缘和外拔缘。用拔缘方法制出的零件，如图 5.37 所示。

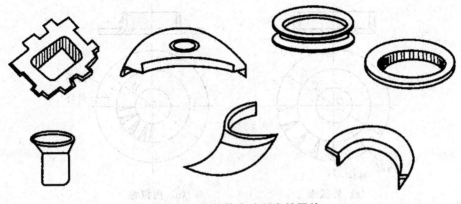

图 5.37 用拔缘方法制出的零件

2. 手工拔缘的工具

手工拔缘的工具除了用到收边和放边的工具外,还有不同形状的砧座、角顶和手打模,如图 5.38 所示。

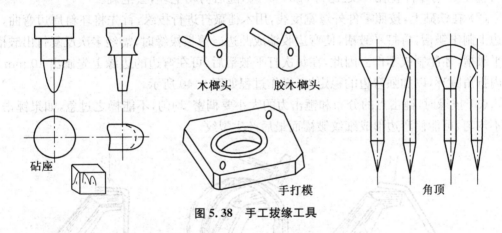

木榔头　　　胶木榔头

砧座

手打模　　　角顶

图 5.38 手工拔缘工具

二、常用拔缘的方法

外拔缘时,如图 5.39(a)所示,圆环部分要沿中间圆形部分的圆周径向改变位置而成为弯边,但是它受到其中三角形多余金属的阻碍,采用收边的方法,使外拔缘弯边增厚。内拔缘时,如图 5.39(b)所示,内侧圆环部分要沿外侧圆环部分的圆周径向变换位置而成为弯边,由于受到内孔圆周边缘的牵制不能顺利延伸,所以采用放边方法,使内拔缘弯边变薄。拔缘可以用自由拔缘和胎型拔缘两种方法。自由拔缘一般用于薄板材料、塑性好、在常温状态下的弯边零件;胎型拔缘多用于厚板材料、孔拔缘以及加热状态下的弯边零件。

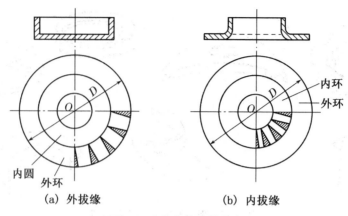

图 5.39　自由拔缘的种类

1. 自由拔缘的操作过程

（1）计算出坯料直径 D，划出加工的外缘宽度线（即分出环形部分和圆形部分），一般坯料直径 D 与零件直径 D' 之比为 $0.8\sim0.85$，随后剪切毛坯，去毛刺。

（2）在铁砧上，按照零件外缘宽度线，用木槌敲打进行拔缘，首先将坯料周边弯曲，在弯边上制出皱褶，再打平皱褶，使弯边收缩成凸边。薄板拔缘时，需经多次反复打出皱褶、打平皱褶，才能制成零件。因此，在每次打平皱褶后，可在弯边的边缘上先制出 10 mm 宽的内折角圆环，以加强弯边的稳定性，操作过程如图 5.40 所示。

（3）拔缘时，锤击点的分布和锤击力的大小要稠密、均匀，不能操之过急，如果锤击力量不均匀，可能使弯边形成细纹皱褶而最后产生裂纹。

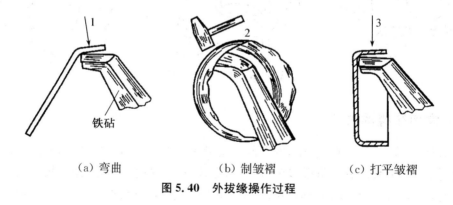

（a）弯曲　　　　　　（b）制皱褶　　　　　（c）打平皱褶

图 5.40　外拔缘操作过程

2. 胎型拔缘的操作过程

（1）利用胎型外拔缘时，一般采用加热拔缘的方法。拔缘前，先在坯料的中心焊装上一个钢套，以便在胎型上固定坯料拔缘的位置，如图 5.41（a）所示。坯料加热温度为 750 ℃～780 ℃，每次加热线不宜过长，加热面略大于坯料边缘的宽度线，按照前述外拔缘过程分段依次进行，一次弯边成形。

（2）利用胎型内拔缘时，如图 5.41（b）所示，弯边比较困难。内孔直径不超过 80 mm 的薄板拔缘时，可采用一个圆形木槌一次冲出弯边；较大的圆孔和椭圆孔的厚板内拔缘时,可制作一个圆形的钢凸模一次冲出弯边。

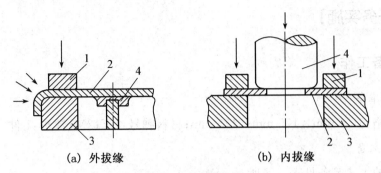

(a) 外拔缘   (b) 内拔缘

图 5.41 胎型拔缘

1—压板;2—坯料;3—钢套;4—凸模。

三、拔缘件的毛料计算

1. 内拔缘毛料内孔的计算

内拔缘坯料内孔的计算,如图 5.42 所示。

$$d=D-2(H-0.43r-0.72t) \tag{5.18}$$

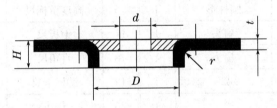

图 5.42 计算毛料孔径

2. 外拔缘毛料的计算

外拔缘坯料的计算,如图 5.43 所示。

$$D_{毛}=\sqrt{d^2+4dh} \tag{5.19}$$

3. 平面腹板弯边件的计算

坯料展开一般可按弯曲件计算,即取坯料的尺寸等于中性层的长度,如图 5.44 所示。

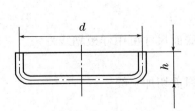

图 5.43 计算毛料外径

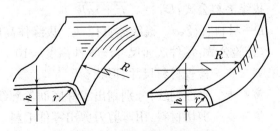

图 5.44 平面弯边件的几何尺寸

【任务实施】

一、准备工作

1. 材料准备

材料规格:δ1.0 mm×175 mm×175 mm;材料牌号:LY12M;数量:1件。

2. 工艺装备

本任务的工艺装备见表5.8所示。

表5.8 拔缘工具和设备

序号	名　称	规格型号	数量	序号	名　称	规格型号	数量
1	圆柱形模胎	φ100	1	12	划针		1
2	圆柱形压铁	φ100	1	13	划规	100	1
3	中平锉	10″	1	14	铅笔圆规		1
4	细平锉	10″	1	15	铅笔	2B	1
5	木锤	圆柱形	1	16	高度游标尺	300 mm	1
6	铝锤	扁头	1	17	钢板尺	300 mm	1
7	胶木锤	扁头	1	18	直角尺		1
8	胶木冲	φ25	1	19	游标卡尺	150 mm	1
9	折波钳		1	20	工作钳台		1
10	弯剪刀	10″	1	21	手剪机		1
11	划线平板	300×260	1				

二、操作步骤

第一步　识读与理解工件图样尺寸,理解工作任务。

第二步　计算毛料尺寸。

拔缘毛料公式:$D_{毛} = \sqrt{d^2 + 4dh}$

D—材料直径,d—拔缘体直径,h—拔缘体高度。

(经验公式:零件底面尺寸+零件高度+10　零件底面尺寸可用样板划线)

第三步　检查材料尺寸、形状。

第四步　平面划线:分别划出零件底面轮廓线、毛料剪切加工线。

第五步　剪切材料:用弯剪刀剪出零件毛料。

第六步　将材料周边毛刺除去(锉修、砂布抛光),保证周边光滑无痕。

第七步　圆柱形零件拔缘操作:

(1) 将材料夹在圆柱形模胎与圆柱形压板之间,周边对零件底面轮廓线,用C形夹固定(或夹在台虎钳上固定)。

(2)拔缘方法:

① 用胶木锤扁头一端敲击靠近模胎根部一周的材料表面,使其向模胎高度方向弯曲,同时产生皱波。

② 从模胎根部向模胎高度方向沿其周向方向逐圈敲击材料表面,使其贴向模胎表面,同时收平皱波。

③ 收平皱波时,用扁头胶木冲在材料与模胎之间顶住,协助收平皱波。

④ 沿模胎侧面呈螺旋线敲击,直至材料与模胎全面贴合,保证表面光滑、平整。

> **注意:**锤击时,锤击方向应朝向材料与模胎侧面之间弧面的法线方向,锤击力不宜太大,锤击力度均匀,锤击点距离均匀,确保加工表面过渡圆滑。及时控制拔缘后材料的厚度,防止材料裂纹。

(3)从模胎上取下工件,按图纸要求划出工件高度的等高线。

(4)用手剪沿等高线剪去多余材料,再用细锉、细纱布精修工件口部。

第八步 按图纸要求全面检查工件尺寸、形状,如有不符可以再做修整。

三、结束工作

第一步 清点工具和量具,摆放规范整齐,外表完好。

第二步 清扫工作现场,保持工位文明整洁,做到安全文明生产。

第三步 填写工作评价单。

 【任务评价】

根据表 5.9,可对任务进行评价和总结。

表 5.9 拔缘评分表

序号	拔缘技能操作评分		总分				
	考核项目	配分 T	评分标准			检测结果	得分
			$\leq T$	$>T,\leq 2T$	$>2T$		
1	$\phi 100\pm 0.5$	15	15	5	0		
2	50 ± 0.5	15	15	5	0		
3	$R5\pm 0.5$	10	10	5	0		
4	$90°\pm 30'$	10	10	5	0		
5	平面度≤ 0.5	10	10	0			
6	表面质量:无裂纹、夹伤、划伤、锤痕等	20	发现一处扣2分				
7	技术安全和文明生产	20	违反规定扣5~10分				

【思考与练习】

1. 什么叫拔缘？拔缘有哪几种？
2. 试分析图 5.45 所示方盒零件的成形方法。

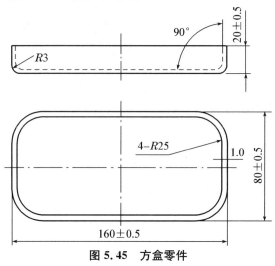

图 5.45　方盒零件

任务 5　拱　曲

【任务描述】

如图 5.46 所示，按图样尺寸用厚度为 1.2 mm，LY12M 材料，拱曲加工制作半球体零件。

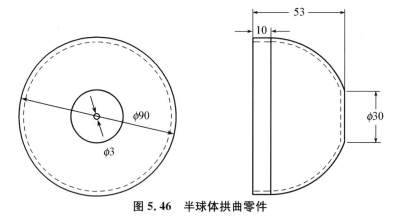

图 5.46　半球体拱曲零件

技术要求：

1. 未注尺寸公差均为±0.5 mm；
2. 端面不平度—0.5；

3. 变薄量 50%；

4. 表面光滑,无明显锤痕。

【知识准备】

一、概　述

1. 拱曲的概念

拱曲是指将板料用手工锤击成凹凸曲面形状的零件。用拱曲制出的零件,如图 5.47 所示。

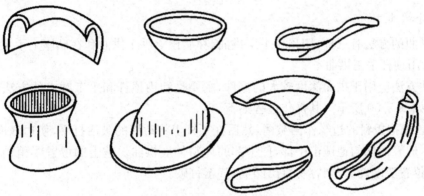

图 5.47　用拱曲制出的零件

2. 手工拱曲工具

手工拱曲工具有木榔头、金属榔头、砧座、顶杆和模具等,如图 5.48 所示。

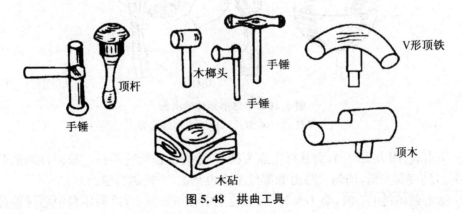

图 5.48　拱曲工具

二、拱曲的方法及操作

拱曲是通过板料周边起皱向里收缩,中间打薄向外拉伸,这样反复进行,使板料逐渐变形得到所需的形状,所以拱曲零件一般底部都变薄,如图 5.49 所示。拱曲可以分为冷拱曲和热拱曲。

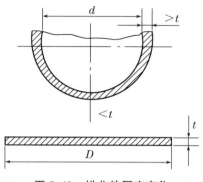

图 5.49　拱曲件厚度变化

1. 冷拱曲

冷拱曲的方法有三种:用顶杆手工拱曲、在胎模上手工拱曲和在砧座上手工拱曲。

(1) 用顶杆手工拱曲

这种方法应用于拱曲深度较大的零件,主要是利用顶杆和手工锤击的方法制成圆弧形零件,如图 5.50 所示。其操作过程如下。

① 首先把板料的边缘作出皱褶,然后在顶杆上将边缘的皱褶打平,使边缘向内弯曲,同时用木槌轻而均匀地锤击中部,使中部的坯料伸展拱曲。锤击的位置要稍稍超过支承点,敲打位置要准确,否则容易打出凹痕,甚至打破。

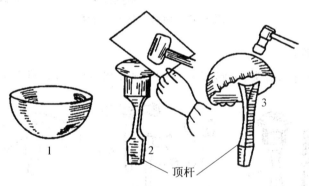

图 5.50　半球形零件的拱曲
1—零件;2—皱曲;3—伸展中部或修光。

② 锤击时,用力要均匀,而且打击点要稠密,边锤击边旋转坯料。根据目测随时调整锤击部位,使表面光滑,均匀。凸出的部位不应再锤击,否则越打越凸起。

③ 锤击到坯料中心时,要不断转动,不能集中在一处锤击,以免坯料中心延伸过多而凸起。依次收边锤击中部,并配合中间检查,使其达到要求为止。考虑最后修光时,要产生回弹变形,一般拱曲度要稍大些。

④ 用平头锤在圆杆顶上,把拱曲成形好的零件进行修光,然后按要求划线,并切割、锉光边缘。在加工过程中,如发现坯料有冷作硬化现象,应进行退火处理,否则容易产生裂纹。

（2）在胎模上手工拱曲

一般尺寸较大、深度较浅的零件，可直接在胎模上进行拱曲，如图 5.51 所示，其操作过程如下。

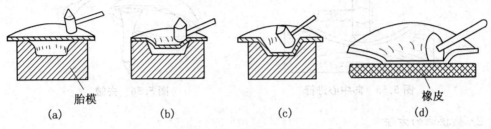

胎模　　　　　　　　　　　　　　　　　　　　　橡皮
（a）　　　　　（b）　　　　　（c）　　　　　（d）

图 5.51　在胎模上拱曲

① 将坯料压紧在胎模上，用手锤从边缘开始逐渐向中心部分锤击，图 5.51 中（a）、（b）、（c）是拱曲过程，由边缘逐渐向中心拱曲，（d）是在橡皮上进行伸展坯料。

② 拱曲时，锤击应轻而均匀，这样才能使整个加工表面均匀地伸展，形成凸起的形状，并可以防止拉裂。为使坯料伸展得快，在拱曲过程中可垫橡皮、软木、沙袋等进行伸展作业，这样表面质量较好。

③ 在拱曲过程中不能操之过急，应分几次使坯料逐渐下凹，直到坯料全部贴合胎模，成为所需要的形状，最后用平头锤在顶杆上打光局部凸痕。

（3）在砧座上手工拱曲

拱曲砧座可用硬木、铅砧等做成不同尺寸的浅坑。拱曲手锤锤面有不同的尺寸，根据零件凹陷的大小和深浅选用，如图 5.52 所示。其操作过程如下。

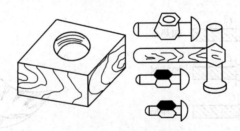

图 5.52　砧座及拱曲锤

① 先从毛料的外缘开始拱曲，如图 5.53 所示。

② 每锤一下即转动毛料，使圆周变形均匀，由外向内，逐渐进行，如图 5.54 所示。

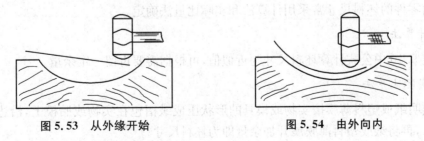

图 5.53　从外缘开始　　　　　　**图 5.54　由外向内**

③ 继续向中心进行，逐渐拱曲，直至完成所需深度，如图 5.55 所示。

111

④ 把拱曲的零件放在球形砧座上,用榔头轻敲去除皱纹并修平整,如图 5.56 所示。

图 5.55　向中心进行

图 5.56　去皱

2. 热拱曲的方法

通过加热使板料拱曲的方法叫热拱曲。热拱曲一般用于板料较厚、形状比较复杂以及尺寸较大的拱曲零件。热拱曲是利用金属的热胀冷缩原理,有时再辅加外力来进行。如图 5.57 所示,对坯料三角形 ABC 处局部加热,受热后要向周围膨胀,但因该区处于高温状态,力学性能比未加热部位低,不但不能膨胀,反而被压缩变厚,冷却后缩小为 A′B′C′。如果沿坯料的四周对称而均匀地进行分压加热,便可以收缩成图 5.58 所示的拱曲零件。

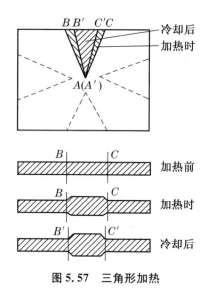

图 5.57　三角形加热

图 5.58　热拱曲后零件的形状

三、拱曲零件毛料尺寸的计算

拱曲零件的坯料尺寸常采用计算法和实际比量法确定。

1. 计算法

按表 5.10 中公式计算坯料尺寸为近似值,可根据需要再留一定余量。

2. 实际比量法

用透明纸或塑料薄膜按实物或模具的形状压成皱褶包在实物或胎模上,沿边缘切割线剪下来,再将纸或塑料薄膜展开加余量即为坯料尺寸。

表 5.10　拱曲零件毛料尺寸计算公式

序号	图例	坯料直径 $D_\text{毛}$
1		$D_\text{毛} = \sqrt{2d^2} = 1.41d$
2		$D_\text{毛} = \sqrt{C^2 + 4h^2}$
3		$D_\text{毛} = \sqrt{d_2^2 + 4h^2}$
4		$D_\text{毛} = 1.41\sqrt{d^2 + 2dh}$

【任务实施】

一、准备工作

1. 材料准备

材料规格:$\delta1.2\,\text{mm} \times 135\,\text{mm} \times 135\,\text{mm}$;材料牌号:LY12M;数量:1件。

2. 工艺装备

本任务的工艺装备见表 5.11 所示。

表 5.11　拱曲工具和设备

序号	名　称	规格型号	数量	序号	名　称	规格型号	数量
1	半球砧座	$\phi90$	1	11	划规	100	1
2	圆柱形型铁	$\phi30\times30$	1	12	铅笔圆规		1
3	中平锉	10″	1	13	铅笔	2B	1
4	细平锉	10″	1	14	高度游标尺	300 mm	1
5	木锤	圆柱形	1	15	钢板尺	300 mm	1
6	铝锤	扁头	1	16	直角尺		1
7	折波钳		1	17	游标卡尺	150 mm	1
8	弯剪刀	10″	1	18	工作钳台		1
9	划线平板	300×260	1	19	手剪机		1
10	划针		1	20	手动压力机		1

二、操作步骤

第一步　识读与理解工件图样尺寸,理解工作任务。

第二步　检查材料尺寸、形状。

第三步　平面划线:划出 $\phi135$ 加工线。

第四步　剪圆材料:用弯剪刀剪出 $\phi135$ 圆形材料。

第五步　将材料周边毛刺除(锉修),保证周边光滑无痕。

第六步　按图纸要求检验样板。

第七步　拱曲操作:

(1)在凹形木模胎上,用圆头木锤从材料外缘 1/3 处开始,由外向中心方向逐圈锤击,使其内侧逐渐延展成凹形,外侧形成波纹边。

(2)收波纹边的方法:收外凸波纹时,在凸模上顶住内凹波,从波纹口部沿其法线方向敲击凸波使其收口,再收平凸波。收内波纹时,在凹模上进行,方法与收边相似。

> **注意**:锤击时,锤击力不宜太大,锤击力度均匀,锤击点距离均匀,确保加工表面过渡圆滑。

(3)重复(1)、(2)、(3)步骤。由外向中心逐圈稍悬空缓慢均匀锤击,使材料逐渐由边缘向中心方向收缩、延展成型,防止变形过快出现裂纹。

(4)及时用样板检查工件弧度变化情况,根据检查结果调整锤击位置和加工量。

(5)重复(4)、(5)步骤直至工件弧面与样板全面贴合,加工面表面平整、光滑。

第八步　加工半球体口部圆柱部分:在 $\phi90$ 模胎圆柱形部分采用与收边类似的方法加工出圆柱部分。

第九步　修整加工边的宽度:划 10 mm 等高线,视情剪切、锉修,确保其符合图纸相关部分要求。

第十步 底部 $\phi30$ 平面加工：

（1）用铅笔圆规在半球体底部找出圆心，划出 $\phi30$ 圆。

（2）在手动压力机上用圆柱形型铁对准 $\phi30$ 圆压出平面。

（3）在圆心处钻出 $\phi3.1$ 孔。

第十一步 修整工件使其形状、尺寸全面符合图纸要求。

三、结束工作

第一步 清点工具和量具，摆放规范整齐，外表完好。

第二步 清扫工作现场，保持工位文明整洁，做到安全文明生产。

第三步 填写工作评价单。

 【任务评价】

根据表 5.12，可对任务进行评价和总结。

表 5.12 拱曲评分表

序号	拱曲技能操作评分		总分				
	考核项目	配分 T	评分标准			检测结果	得分
			$\leqslant T$	$>T,\leqslant 2T$	$>2T$		
1	$\phi90\pm0.5$	15	15	5	0		
2	53 ± 0.5	10	10	5	0		
3	$\phi30\pm0.5$	10	10	5	0		
4	10 ± 0.5	10	10	5	0		
5	端面不平度 -0.5	10	10	5	0		
6	变薄量 50%	10	10	0	0		
7	表面光滑，无明显锤痕	20	发现一处扣 2 分				
8	技术安全和文明生产	15	违反规定扣 5~10 分				
合计			100				

 【思考与练习】

1. 什么叫拱曲？拱曲有哪几种？

2. 试分析图 5.59 所示零件的拱曲操作过程。

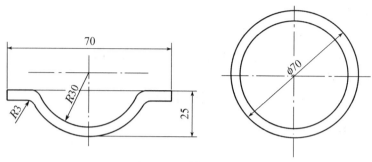

图 5.59　拱曲零件

任务 6　卷　边

【任务描述】

如图 5.60 所示,按图样尺寸用卷边加工的方法制作铰链工件。

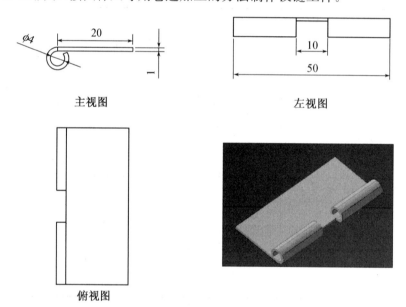

主视图　　　　　　　　　　　　　　　左视图

俯视图

图 5.60　铰链工件尺寸图

【知识准备】

一、概述

1. 卷边的概念

为增加零件边缘的刚性和强度,把零件的边缘卷曲过来,这道工序称为卷边。

2. 应用

飞机上整流罩、机罩,日常用的锅、盆、桶的边沿经过卷边起到增加强度和美观的作用。

3. 分类

卷边分为夹丝卷边和空心卷边两种,如图 5.61 所示。

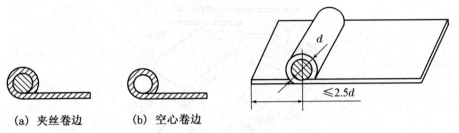

(a) 夹丝卷边　　　(b) 空心卷边

图 5.61　手工放边工件

4. 卷边零件展开尺寸的确定

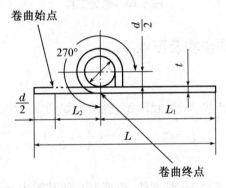

图 5.62　卷边展开尺寸的计算

展开长度等于卷曲部分长度与直线部分长度之和,如图 5.62 所示。其计算公式为

$$L = L_1 + \frac{d}{2} + L_2 \tag{5.20}$$

式中:L——卷边零件展开长度;

$L_1 + \dfrac{d}{2}$——直线段长度;

d——铁丝直径;

L_2——零件卷曲部分展开长度(卷曲 270°)。

卷曲部分展开尺寸为

$$L_2 = \frac{3}{4}\pi(d+t) = 2.35(d+t) \tag{5.21}$$

将 L_2 代入 L 得

$$L = L_1 + \frac{d}{2} + 2.35(d+t) \tag{5.22}$$

式中:t——材料厚度。

5. 卷边工具

常用卷边工具,如图 5.63 所示。

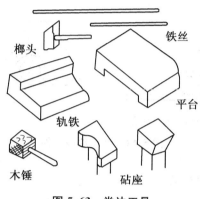

图 5.63 卷边工具

二、手工卷边的操作步骤及要点

1. 操作步骤

第一步　在毛料上划出两条卷边线(始、终线),如图 5.64(a)所示,并修光毛刺,有

$$L_1=2.5d,L_2=\left(\frac{1}{4}\sim\frac{1}{3}\right)L_1 \tag{5.23}$$

式中:d——铁丝直径。

第二步　将毛料放在平台上(或方铁、轨道上),使其露出平台的尺寸等于 L_2,左手压住毛料,右手用锤敲打露出平台部分的边缘,使料边向下弯曲 $85°\sim90°$,如图 5.64(b)所示。

第三步　再将毛料向外伸并弯曲,直至平台边缘对准第二条卷边线为止,也就是使露出平台部分等于 L_1,并使第一次敲打的边缘靠上平台,如图 5.64(c)(d)所示。

第四步　将毛料翻转,使弯曲边朝上,轻而均匀地敲打弯曲边向里扣,使卷曲部分逐渐成圆弧形,如图 5.64(e)所示。

第五步　放入夹丝,先将两端扣合防止夹丝外跑,再从头至尾逐一扣合,完全扣合后再轻轻敲打卷边,使之包紧夹丝,如图 5.64(f)所示。

第六步　翻转零件,使接口靠在平台边缘上,轻轻敲打,使接口咬紧,如图 5.64(g)所示。

手工空心卷边的操作过程和夹丝卷边的操作过程一样,但最后把铁丝抽出来。抽时把铁丝一端夹住,在旋转零件的同时向外拉出夹丝。

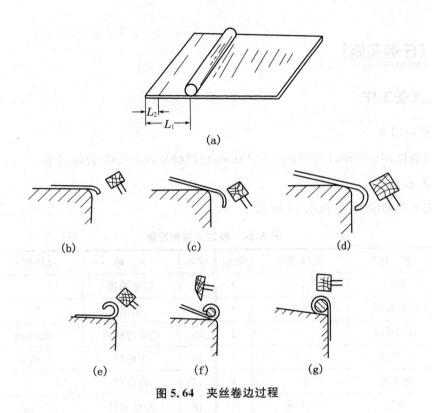

图 5.64　夹丝卷边过程

2. 操作要点

第一步　毛料展开长度要算准确,否则卷边尺寸,不对无法修复。

第二步　使用特种顶铁校圆校直的效果好。

第三步　长的空心卷边零件,抽丝困难时,可在卷边前将夹丝表面涂油,取丝时将零件一头固定,用气钻夹紧夹丝,开动气钻向外抽出夹丝。

三、卷边常见质量故障、原因分析与排除方法

卷边常见质量故障、原因分析与排除方法,见表 5.13 所示。

表 5.13　卷边常见质量故障、原因分析与排除方法

序号	故障内容	原因分析	排除方法
1	外形不对	卷边展开尺寸不正确	正确计算卷边展开长度
2	不圆滑	锤击不均匀	均匀锤击
3	卷边直径不对	(1) 夹丝直径不正确 (2) 卷边始线、终线位置不对	(1) 正确选择夹丝直径 (2) 正确划出卷边始线和终线
4	压痕	(1) 顶铁不光 (2) 顶铁选择不当	(1) 打光顶铁工作面 (2) 按卷边零件形状选择合适的顶铁

【任务实施】

一、准备工作

1. 材料准备

材料规格:δ1.0 mm×250 mm×34 mm;材料牌号:LF21M;数量:1件。

2. 工艺装备

卷边工具和设备,见表5.14所示。

表5.14 卷边工具和设备

序号	名　称	规格型号	数量	序号	名　称	规格型号	数量
1	铁丝	$\phi 4$	1	13	铅笔圆规		1
2	轨铁顶铁	特种	1	14	铅笔	2B	1
3	方形砧铁		1	15	高度游标尺	300 mm	1
4	中平锉	10″	1	16	钢板尺	300 mm	1
5	细平锉	10″	1	17	直角尺		1
6	木锤	圆柱形	1	18	游标卡尺	150 mm	1
7	铝锤	扁头	1	19	工作钳台		1
8	平台		1	20	手剪机		1
9	弯剪刀	10″	1	21	细砂布	400#	1
10	划线平板	300×260	1	22	肥皂		1
11	划针		1				
12	划规	100	1				

二、操作步骤

第一步　识读与理解工件图样尺寸,理解工作任务。

第二步　领取材料:δ1、LF21M

第三步　检查材料尺寸、形状。

第四步　平面划线:分别划出卷边的始线、终线。

第五步　剪切材料:用弯剪刀剪出零件毛料。

第六步　将材料周边毛刺除去(锉修、砂布抛光),保证周边光滑无痕。

第七步　铰链零件卷边操作:

(1)在平台上露出卷边始线,向下弯成85°～90°。

(2)将板料外伸直到弯至平台边缘对准卷边终线为止。

(3)将板料翻转向里扣。

（4）放入夹丝，先将两端扣合防止夹丝外跑，再从头至尾逐一扣合，完全扣合后再轻轻敲打卷边，使之包紧夹丝。

（5）翻转零件，使卷边接合口靠在平台的边缘，轻轻敲打，使接口咬紧，最后将夹丝抽出。

第八步　按图纸要求全面检查工件尺寸、形状，如有不符可以再做修整。

第九步　在工件底部外表面用钢字码打上班级、学号。

第十步　上交工件。

三、结束工作

第一步　清点工具和量具，摆放规范整齐，外表完好。

第二步　清扫工作现场，保持工位文明整洁，做到安全文明生产。

第三步　填写工作评价单。

【任务评价】

根据表 5.15 评分表，可对任务进行评价和总结。

表 5.15　卷边评分表

卷边技能操作评分			总分				
序号	考核项目	配分 T	评分标准			检测结果	得分
			$\leq T$	$>T, \leq 2T$	$>2T$		
1	20 ± 0.5	20	20	5	0		
2	10 ± 0.5	15	15	5	0		
3	50 ± 0.5	15	15	5	0		
4	平面度<0.5	15	15	0	0		
5	表面质量：无裂纹、夹伤、划伤、锤痕等	15	发现一处扣 2 分				
6	技术安全和文明生产	20	违反规定扣 5～10 分				

【思考与练习】

1. 什么叫卷边？分为哪几种？应用在什么地方？简述卷边常见质量故障、产生原因和解决方法？

任务7 咬 缝

【任务描述】

如图 5.65 和 5.66 所示,按图样尺寸用咬缝加工的方法制作圆管直角弯头形工件。

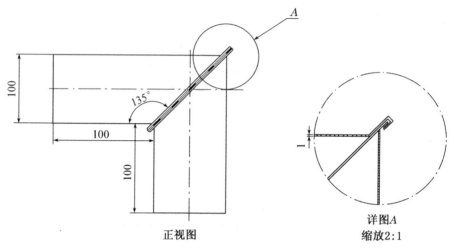

正视图

图 5.65 圆管直角弯头工件尺寸

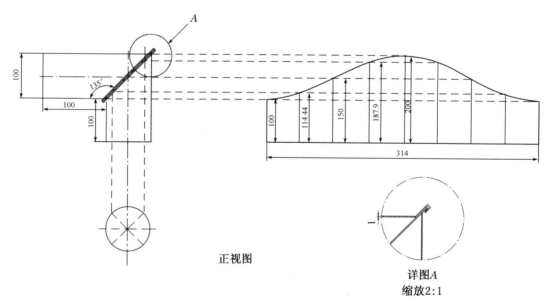

正视图

图 5.66 圆管直角弯头工件放样展开图

【知识准备】

一、概　述

1. 咬缝

把两块材料的边缘（或一块板料的两边）折弯扣合，并彼此压紧，这种连接叫作咬缝。咬缝连接很牢固，在许多地方用来代替钎焊。

2. 咬缝的形式及用途

咬缝的形式及用途，见表 5.16 所示。

表 5.16   咬缝的形式及用途

序号	种类	结构	特点及应用范围
1	立式单咬缝		用于屋顶铁瓦及多节弯头对接，接合强度不高
2	立式双咬缝		用于刚度大且牢靠处，咬缝较困难
3	卧式单咬缝		既有一定强度，又很平滑，应用较广，如盆、桶、水壶等
4	卧式双咬缝		强度高、牢靠，如屋顶水槽
5	角式咬缝		用于角形的连接处，具有较大的连接强度，如壶、桶底部连接
6	匹兹堡咬缝		外表面平整、光滑，刚性好，适用于矩形弯管和各种罩壳结构连接

3. 咬缝工具

手工咬缝使用的工具有手锤、弯嘴钳、拍板、角钢、轨铁等，如图 5.67 所示。

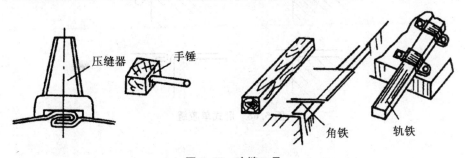

压缝器　　手锤　　　　　　　　　　　　　　　角铁　　轨铁

图 5.67   咬缝工具

二、咬缝操作

1. 咬缝余量

咬缝毛料要根据咬缝形式留适当余量,否则不能保证咬缝零件的尺寸,余量按表 5.17 所示留取,每层的具体宽度尺寸根据图纸要求确定。

表 5.17　咬缝余量分配

咬缝形式	咬缝层数	留余量层数	余量分配/层	
			第一个边	第二个边
立式单咬缝	3	3	2	1
立式双咬缝	5	5	3	2
卧式单咬缝	4	3	2	1
卧式双咬缝	6	5	3	2

2. 操作方法及要点

如图 5.68 所示,为卧式单咬缝过程。

第一步　在板料上划出扣缝的弯折线。

第二步　把板料放在角钢或轨铁上,按弯折线把板料边折成 90°。

第三步　翻转板料,使弯边朝上继续将边向里折成 30°。

第四步　将板料伸出咬缝宽度,将板料拍打到与角钢或轨铁约成 45°。

第五步　将咬口拍打至与板料的间隙稍大于材料厚度,这样就完成了一边咬口的制作。

第六步　用同样的方法弯折另一边,注意弯折方向。

第七步　两边弯折好之后,扣起来对正。

第八步　用锤或拍板在角钢或轨铁上敲打压合,可先将两端和中部咬合死,再咬合其他部位。

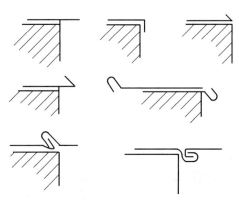

图 5.68　卧式单咬缝

（2）其他咬缝过程如图 5.69～图 5.73 所示。

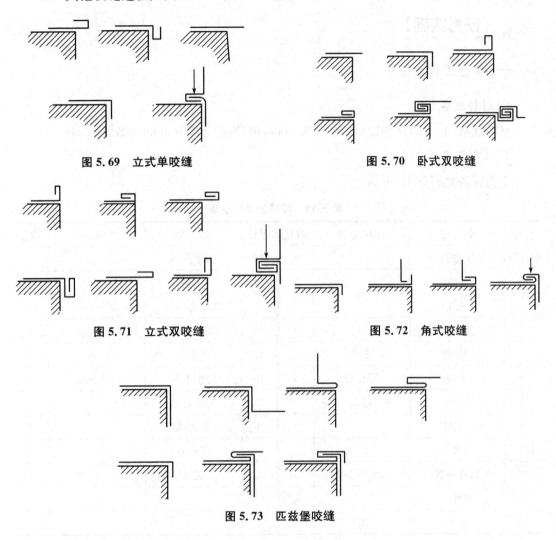

图 5.69　立式单咬缝　　　　　　　　　　　图 5.70　卧式双咬缝

图 5.71　立式双咬缝　　　　　　　　　　　图 5.72　角式咬缝

图 5.73　匹兹堡咬缝

三、咬缝常见质量故障、原因分析与排除方法

咬缝常见质量故障、原因分析与排除方法，见表 5.18 所示。

表 5.18　咬缝常见质量故障、原因分析与排除方法

序号	故障内容	原因分析	排除方法
1	外形不对	（1）展开料尺寸不准确 （2）咬缝余量不准确	（1）正确计算展开尺寸 （2）按咬缝宽度和形式留放余量
2	咬缝不平整	锤击不均匀	均匀锤击
3	咬缝不牢靠	（1）操作顺序不当 （2）咬缝未压紧	（1）按咬缝操作过程操作 （2）用榔头或压缝器将咬缝压紧
4	咬缝位置不对	（1）展开料对接处位置不对 （2）两边咬缝余量分配不对	（1）正确画展开图和下展开料 （2）按咬缝形式正确分配两边余量

【任务实施】

一、准备工作

1. 材料准备

材料规格：δ0.8、324×125、334×135；材料牌号：20—厚0.8 mm；数量：2件。

2. 工艺装备

工艺装备见表5.19所示。

表5.19　咬缝工具和设备

序号	名　称	规格型号	数量	序号	名　称	规格型号	数量
1	压缝器		1	13	铅笔圆规		1
2	角铁		1	14	铅笔	2B	1
3	轨铁		1	15	高度游标尺	300 mm	1
4	中平锉	10″	1	16	钢板尺	300 mm	1
5	细平锉	10″	1	17	直角尺		1
6	木锤	圆柱形	1	18	游标卡尺	150 mm	1
7	铝锤	扁头	1	19	工作钳台		1
8	折波钳		1	20	手剪机		1
9	弯剪刀	10″	1	21	细砂布	400#	1
10	划线平板	300×260	1	22	肥皂		1
11	划针		1				
12	划规	100	1				

二、操作步骤

第一步　识读与理解工件图样尺寸，理解工作任务。

第二步　领取材料：δ0.8、324×125、334×135。

第三步　检查材料尺寸、形状。

第四步　放样平面划线：分别划出零件底面轮廓线、毛料剪切加工线。

第五步　剪切材料：用弯剪刀剪出零件毛料。

第六步　将材料周边毛刺除去（锉修、砂布抛光），保证周边光滑无痕。

第七步　圆管直角弯头操作：

（1）将展开料放在平台或铁砧上，按图5.74把弯曲线用木榔头弯成90°。

（2）按图5.75、图5.76将板料翻身，用木榔头使90°弯边进一步压弯，但不能把弯边折死，间隙不小于材料厚度。再将板料向前移，敲弯制成防缩扣。板的另一边用同一方法制出,但方向相反。

（3）按图5.77将两边扣合并敲紧,并在圆钢上修整圆管外形。

（4）将圆管对接咬缝,先按图5.78弯曲线将圆管斜口向外翻成直角边。

（5）按图5.79再将留2倍咬缝宽度的弯边进行第二次弯边。

（6）按图5.80将两相配合的短斜管合在一起,放在平台上将外拔缘的边向里敲弯咬紧。

第八步　按图纸要求全面检查工件尺寸、形状,如有不符可以再做修整。

第九步　在工件下部外表面用钢字码打上班级、学号。

第十步　上交工件。

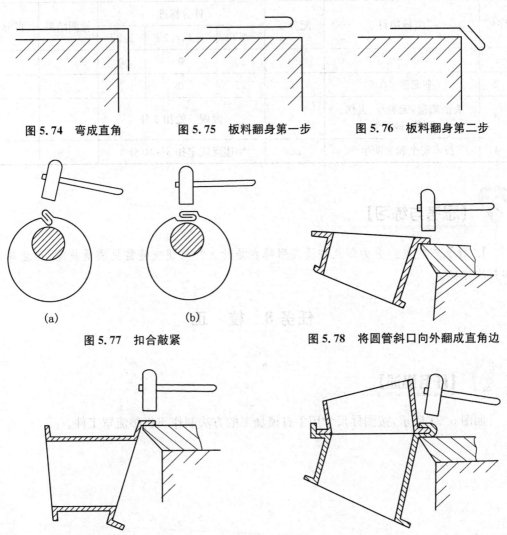

图5.74　弯成直角　　　　图5.75　板料翻身第一步　　　　图5.76　板料翻身第二步

(a)　　　　　　(b)

图5.77　扣合敲紧　　　　　　　图5.78　将圆管斜口向外翻成直角边

图5.79　再将留2倍咬缝宽度的弯边进行第二次弯边　　图5.80　将两相配合的短斜管合在一起

三、结束工作

第一步　清点工具和量具,摆放规范整齐,外表完好。

第二步 清扫工作现场,保持工位文明整洁,做到安全文明生产。

第三步 填写工作评价单。

 【任务评价】

根据表5.20评分表,可对任务进行评价和总结。

表 5.20 卷边评分表

卷边技能操作评分			总分				
序号	考核项目	配分 T	评分标准			检测结果	得分
			$\leq T$	$>T,\leq 2T$	$>2T$		
1	100±0.5	20	20	5	0		
2	平面度<0.5	15	15	0	0		
3	表面质量:无裂纹、夹伤、划伤、锤痕等	35	发现一处扣2分				
4	技术安全和文明生产	30	违反规定扣5~10分				

 【思考与练习】

1. 什么叫咬缝?分为哪几种及应用特点是什么?简述咬缝常见质量故障、产生原因和解决方法。

任务8 校 正

 【任务描述】

如图5.81所示,按图样尺寸用手打模加工的方法制作飞机整流罩工件。

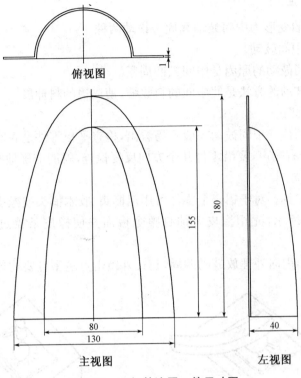

俯视图

155

180

80

130

40

主视图

左视图

图 5.81　飞机整流罩工件尺寸图

【知识准备】

一、概　述

1. 校正

消除不需要的变形,达到要求形状的操作称为校正。

2. 校正工作的必要性

在加工过程中,由于外力去掉后产生的回弹变形、材料相互牵制引起的变形、热处理产生的变形、原材料本身不规范产生的变形等,使校正工作很难避免,为保证零件形状尺寸符合使用及装配要求,校正工作是必不可少的。

3. 校正注意事宜

准确判断变形部位、合理选用工具、掌握操作要领。

4. 校正用工具及设备

校正用设备有收缩机、空气式点击锤、雅高机、油压床等。

二、校正方法

以典型结构零件为例说明校正方法。

1. 平板零件校正

平板零件常见的变形为中间鼓动和周边松动两种。

第一种　消除中间鼓动。

（1）平板件中间鼓动的原因是中间松四周紧。

（2）消除中间鼓动的方法是使中间的料收缩，使周边的料伸展。

具体操作方法如下：

（1）判断变形部位。中间鼓动一般不易看出，检查平板零件是否有鼓动，可用双手反复敲打，松动处就会有响声，要沿零件几个方向反复检查，就能准确地找到松动处，同时也能发现板料较紧部位。

（2）合理选用工具。对于铝合金零件可用铝榔头、胶木榔头或橡皮打板进行校正。

（3）如图 5.82 所示，先用橡皮条抽打整个板面并使橡皮条盖过鼓动区，使其鼓动收缩。

（4）再用榔头由内向外锤放鼓动四周，越往外锤击点越密且要均匀，如图 5.83 所示。

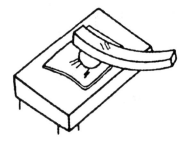 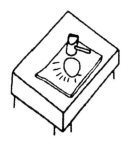

图 5.82　橡皮条抽收　　　　　　　图 5.83　锤放四周

第二种　消除周边松动。

（1）周边松动产生的原因是中间紧周边松。

（2）消除周边松动方法是使中间的料伸展，周边的料收缩。

具体操作方法如下：

（1）判断变形部位。周边松动呈波浪式，中间贴平台。

（2）合理选用工具。对于铝合金零件可用铝榔头、胶木榔头或橡皮打板进行校正。

（3）将松动侧起小弯，如图 5.84(a)所示，再把板反过来在平台上用橡皮打板拍打收缩边缘，如图 5.84(b)所示。

（4）如图 5.85 所示，用榔头由外向内锤放，锤击点越往内越密且要均匀。

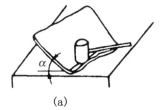 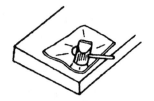

(a)　　　　　　　　　　(b)

图 5.84　用橡皮条收四周　　　　　图 5.85　由外向内锤放

2. 其他零件的校正

第一种 带孔板件的校正。

带平孔的平板，其孔周边易松动。

带加强孔（减轻加强孔、加强窝、加强肋）的孔周边在淬火后"发紧"。

(1) 消除平孔周边松动。如图 5.86 所示，用橡皮打板抽打孔四周，使材料收缩并校平。孔周边松动严重时，可放在平台上距孔边缘 10～20 mm 处用胶木榔头或铝榔头由内向外锤放，锤击点内疏外密，如图 5.87 所示。

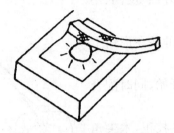

图 5.86 橡皮打板收孔四周

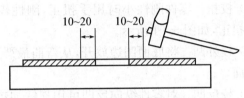

图 5.87 消除孔周松动

(2) 消除加强孔周"发紧"。在加强孔的圆周外缘 R 切点外侧 5～15 mm 外，用胶木榔头或金属榔头敲击孔周围，锤击点内密外疏，如图 5.88 所示。其他部分用橡皮打板抽打校平。

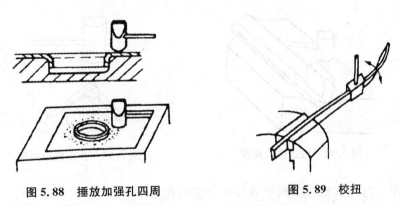

图 5.88 捶放加强孔四周

图 5.89 校扭

第二种 直板条的校正。常见的变形有扭曲、弯曲、不平。

(1) 校扭。如图 5.89 所示，一头夹在虎钳上，另一头用扳手夹住板料朝扭曲反方向扭转校正。

(2) 校平。在平台上检查并校正凸起处。

(3) 校弯。把零件靠紧直尺，确定弯曲部位，如图 5.90(a) 所示，将凹边展放使其伸直，如图 5.90(b) 所示。

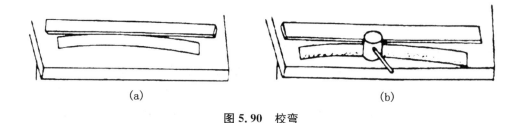

(a)   (b)

图 5.90　校弯

第三种　单弯边件的校正。常见的变形有扭曲、外凸、反凹、不平、角度不对等。

（1）校扭。零件刚性小时用手扭正，刚性较大时可夹在虎钳上用扳手扭正，如图 5.91 所示。

（2）校外凸。将底面凹边放开，从弯曲最严重处开始，同时配合修平底面。

图 5.91　校扭

（3）校反凹。对零件纵向反凹可用规铁加垫，木尖校正，木尖角度比零件角度小半度，弯曲半径 R 与零件一致。也可在收缩机上收凸边，然后敲平收边处两面。

（4）校角度。角度偏大时，如图 5.92 所示，用木尖校弯曲圆角半径 R；角度偏小时，如图 5.93 所示，在顶铁上敲击弯曲圆角半径 R 使零件角度增大。

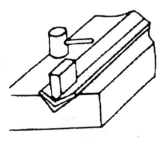

图 5.92　校正偏大角度

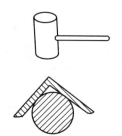

图 5.93　校正偏小角度

（5）校平。弯边收缩过多或展放过多会引起弯边不平。应先检查弯曲圆角半径 R 与平台的贴合度。若中间空，如图 5.94(a) 所示，弯边处收缩不够，应收 A 处边缘；若两端空，中间贴合，如图 5.94(b) 所示，表明弯边处展放不够，应展放 A 处边缘。

第四种　蒙皮零件的校正。蒙皮零件的表面质量一般要求很高，除划伤等缺陷有规定外，不应留有明显的加工痕迹，否则影响表面质量。当蒙皮表面不光，有皱纹、扭曲、鼓动时，一般用硬木榔头、铝榔头平皱，用橡皮打板抽打。

校正用的榔头、平台都要光滑，校正时尽可能用硬

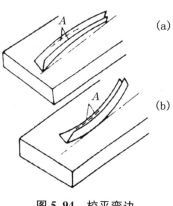

图 5.94　校平弯边

木榔头。当用铝榔头时,可涂油进行锤击,使平台与零件表面、锤头与零件表面都有一层油,来保护零件表面,基本消除锤痕、印记等。

对于较厚的单曲度蒙皮,当有小的凸起或边缘有波浪不直时,可垫以硬橡皮来校正。双曲度蒙皮,一般都用滚轮来放辗"紧"的部位,仅在区域很小或无法滚辗时才用锤击。

滚辗时所使用的滚轮,如图 5.95 所示。一般上滚轮是平的,下滚轮则需根据所滚辗的零件确定,当零件曲度较大或须往里卷时,应使用尖滚轮;当曲度较小或往外张时,应使用平滚轮。一般在伸展量大或材料较硬的情况下,滚轮应压得轻些。在靠近滚辗区的周围,也应该进行适当的轻度滚辗,以便消除滚辗部位对周围的影响。对于带孔的零件,孔的周围应尽量不滚或少滚,否则容易"松"动。如果变形大时,最好在校正以后再开孔。

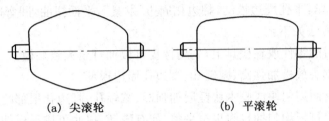

(a) 尖滚轮　　　　　　　　　　(b) 平滚轮

图 5.95　滚辗用的下滚轮

第五种　框板外形的校正。框板是指具有内凹外凸的弯边零件。框板件校正的内容主要有弯曲度、腹板不平、扭曲及弯边角度等。

(1) 校正弯曲度。当弯曲度偏大时,如图 5.96 所示,展放凹弯边腹板面,锤击点不超过腹板面 1/2 宽度;当弯曲度偏小时,如图 5.97 所示,展放凸弯边腹板面,锤击点不超过腹板面 1/2 宽度。

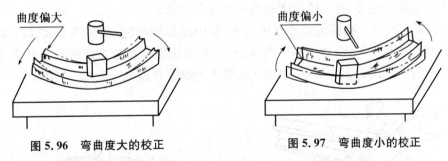

图 5.96　弯曲度大的校正　　　　　　图 5.97　弯曲度小的校正

(2) 校正腹板面不平及扭曲。腹板中间悬空造成不平的校正,收缩悬空处的弯边。腹板端头翘起造成不平的校正,展放不平处的弯边。

(3) 校正弯边角度。如图 5.98 所示,要在弯边处用木榔头收边或放边校正。

第六种　环状件的校正。环状件变形有淬火后腹板平面翘曲、弯边角度不对等。

(1) 校正腹板平面翘曲。在平台上检查翘曲情况,将贴合处置于平台边缘,两手将起翘处压平,如图 5.99 所示,并在平台上校平腹板面。

(2) 校正弯边角度。对于外缘弯边角度偏大,采用收边校正角度;对于孔弯边角度偏大,采用放边校正角度。

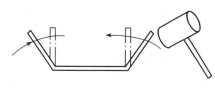

图 5.98　校正弯边角度

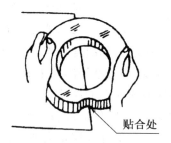

贴合处

图 5.99　校正腹板翘曲

第七种　大型框板件的校正。常见的变形有零件淬火后缺口的弯边放松扩张,加强窝、减轻孔收缩拉紧,平孔周边松动,翻边孔周边"发紧",平面扭曲,凹弯边曲度变大等。

常用的校正方法如下:

(1) 将淬火后的零件放在模具上,先用橡皮打板抽打至大致贴模。

(2) 用胶木榔头放松加强窝、减轻孔、翻边孔周边根部。

(3) 在零件反面用铝块或胶木块锤展加强窝、减轻孔、翻边孔根部的周围。

(4) 再用橡皮打板均匀抽打腹板至平整,如有鼓动、扭曲可按平板件校正方法排除。

(5) 均匀锤放凹弯边腹板面,使材料放松直到符合外形尺寸。

第八种　加强件淬火后的校正。常见的变形有淬火后凹弯边曲率加大,外形扭转,下陷区上翘或下垂,使下陷区不平行等。

常用的校正方法有以下几种。

(1) 校正扭曲。将零件夹在台虎钳上用扳手扭校。

(2) 校正下陷。下陷端下垂是因为下陷区弯边收缩不够,可在收缩机上收缩至符合要求。上翘是收缩过多,将下陷区弯边放边至符合要求。

(3) 腹板面校平。将腹板面放在平台上,如中间顶两端翘,在轨铁上展放弯边,并校对角度,如图 5.100 所示。如中间空两端顶,用胶木块靠紧弯边弯曲圆角半径 R 处向下锤打,校平板面,如图 5.101 所示,也可在收缩机上收缩弯边边缘至符合要求。

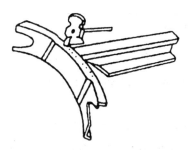

图 5.100　锤放弯边

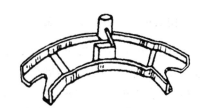

图 5.101　校正内弯曲

第九种　Γ 形件的校正,如图 5.102 所示。常见的变形有成形后 B 面产生拱曲,A 面弯角偏大等。

常用的校正 B 面拱曲有以下两种方法:

(1) 加热校正。把零件夹紧在手打模内,在 A 面加热至合理温度,用榔头收缩 A 面到贴模为止,使 B 面贴模,如图 5.103 所示。

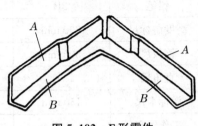

图 5.102　Γ形零件

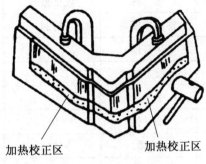

加热校正区　　　　加热校正区

图 5.103　加热校正拱形

(2) 冷校。用特制槽形块和两块 10～15 mm 厚的垫块,按图 5.104 所示,收缩 A 面, 使 B 面达到平直要求,校正角度如图 5.105 所示。

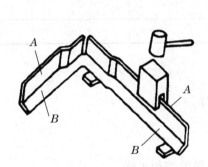

图 5.104　冷校拱形

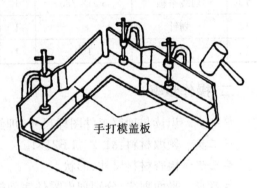

手打模盖板

图 5.105　校正弯曲

第十种　挤压型材零件的校正。这类零件厚度厚,窄而长,两边的根部所形成的外角 是尖角,内角是圆角,校正的劳动强度很大。

型材零件校正的内容也是曲度、扭转和弯边角度。一般来说,零件角度的校正较 困难。

【任务实施】

一、准备工作

1. 材料准备

材料规格:δ1.2、360×420×50;材料牌号:LF21M;数量:1 件。

2. 工艺装备

工艺装备见表 5.21 所示。

表 5.21　校正工具和设备

序号	名　称	规格型号	数量	序号	名　称	规格型号	数量
1	整流罩模具	特制	1	13	铅笔圆规		1
2	手打模		1	14	铅笔	2B	1
3	胶木冲		1	15	高度游标尺	300 mm	1
4	中平锉	10″	1	16	钢板尺	300 mm	1
5	细平锉	10″	1	17	直角尺		1
6	木锤	圆柱形	1	18	游标卡尺	150 mm	1
7	胶木锤	圆柱形	1	19	工作钳台		1
8	弓形夹		1	20	手剪机		1
9	弯剪刀	10″	1	21	细砂布	400♯	1
10	划线平板	300×260	1	22	肥皂		1
11	划针		1				
12	划规	100	1				

二、操作步骤

第一步　识读与理解工件图样尺寸,理解工作任务。

第二步　领取材料:δ1.2　LF21M。

第三步　检查材料尺寸、形状。

第四步　平面划线:分别划出零件底面轮廓线、毛料剪切加工线。

第五步　剪切材料:用弯剪刀剪出零件毛料。

第六步　将材料周边毛刺除去(锉修、砂布抛光),保证周边光滑无痕。

第七步　飞机整流罩手打模(拔缘)操作:

(1)将材料夹在整流罩模胎上,周边对零件底面轮廓线,用弓形夹固定(或夹在台虎钳上固定)。

(2)拔缘方法:

① 用手打模(胶木锤扁头)一端敲击靠近模胎根部一周的材料表面,使其向模胎高度方向弯曲,同时产生皱波。

② 从模胎根部向模胎高度方向沿其周向方向逐圈敲击材料表面,使其贴向模胎表面,同时收平皱波。

③ 收平皱波时,用扁头胶木冲在材料与模胎之间顶住,协助收平皱波。

④ 沿模胎侧面呈螺旋线敲击,直至材料与模胎全面贴合,保证表面光滑、平整。

注意:锤击时,锤击方向应朝向材料与模胎侧面之间弧面的法线方向,锤击力不宜太大,锤击力度均匀,锤击点距离均匀,确保加工表面过渡圆滑。及时控制拔缘后材料的厚度,防止材料裂纹。

（3）从模胎上取下工件，按图纸要求划出工件高度的等高线。

（4）用手剪沿等高线剪去多余材料，再用细锉、细砂布精修工件口部。

第八步　按图纸要求全面检查工件尺寸、形状，如有不符可以再做修整。

第九步　在工件底部外表面用钢字码打上班级、学号。

第十步　上交工件。

三、结束工作

第一步　清点工具和量具，摆放规范整齐，外表完好。

第二步　清扫工作现场，保持工位文明整洁，做到安全文明生产。

第三步　填写工作评价单。

 【任务评价】

根据表5.22评分表，可对任务进行评价和总结。

表5.22　整流罩制作评分表

序号	整流罩制作技能操作评分		总分			检测结果	得分
	考核项目	配分 T	评分标准				
			$\leq T$	$>T, \leq 2T$	$>2T$		
1	180 ± 0.5	10	10	0	0		
2	155 ± 0.5	10	10	0	0		
3	130 ± 0.5	10	10	0	0		
4	80 ± 0.5	10	10	0	0		
5	40 ± 0.5	10	10	0	0		
6	平面度<0.5	10	10	0	0		
7	表面质量：无裂纹、夹伤、划伤、锤痕等	20	发现一处扣2分				
8	技术安全和文明生产	20	违反规定扣5～10分				

 【思考与练习】

1. 什么是校正？校正工作的必要性是什么？

2. 校正的操作要点有哪些？

3. 平板零件中间鼓动、周边松动的校正方法是什么？

项目 **6**

旋压成形

任务　旋压成形

【任务描述】

如图 6.1 所示,按图样尺寸用旋压成形的方法制作反光罩工件。

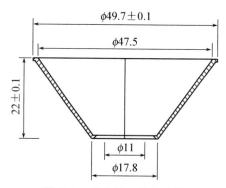

图 6.1　反光罩工件尺寸图

【知识准备】

一、原理、特点和分类

1. 旋压成形原理

旋压是用于成形薄壁空心回转零件的一种金属塑性成形方法。它是借助旋转等工具对旋转坯料施加压力,使之产生连续的局部塑性变形而成形。通常是先将金属平板坯料或预制坯料卡紧在旋压机的芯模上,由主轴带动芯模和坯料旋转,然后旋轮以一定的轨迹和移动速率对坯料施加压力,使坯料产生连续、逐点的塑性变形,从而获得各种母线形状的空心旋转体零件。旋压工艺的加工原理如图 6.2 所示。

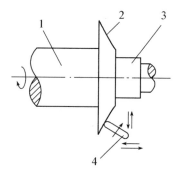

图 6.2　旋压工艺加工原理图

1—芯模;2—坯料;3—尾顶;4—旋轮。

旋压属于局部塑性成形方式,是利用工具连续对工件的极小部分施加压力而使其逐渐成形。就旋压成形的运动方式而言,类似于车削加工,通常工件做旋转运动,旋轮做进给运动。

2. 旋压成形的特点

第一　生产周期短,产品成本低。旋压模是单模,结构十分简单。旋压棒是通用的,因此,旋压成形的生产准备周期短。旋压成形通过塑性变形改变毛料形状,材料利用率高,成本低。

第二　变形程度大,适用范围广。旋压过程中,材料通过旋压棒的挤压作用产生变形,位于旋压棒与旋压模之间的零件材料受到三向压应力作用,而且属局部塑性变形,存在应变分散效应,因此,材料的塑性可以得到充分的发挥,获得很大的变形。许多用一般冲压成形难以加工的材料可以进行旋压成形。用其他方法需几次成形的零件用旋压成形一次就可以完成。

第三　改善材料力学性能。旋压成形中,材料晶粒细化并沿零件母线方向拉长,使零件材料的屈服强度极限以及硬度均得到提高,力学性能获得改善。这往往可以使产品设计得更轻。

旋压成形中,旋轮与零件之间接触区的温度达 500 ℃左右,从而消除或减少了零件的残余应力,提高了零件的疲劳强度。

第四　旋压成形体力消耗较大,工人技术水平要求较高,产品质量不稳定,劳动生产率低。随着科学技术的发展,这些缺点在逐步改善。

3. 旋压成形的应用及类型

旋压成形工艺有着悠久的历史,早期主要用于生产锡、铜、金和银的碗、盘等器皿,采用手工作业。旋压机出现后,它被广泛应用于军工、机械、航空、航天、压力容器、灯具、乐器和生活日用品等的生产中。用旋压方法可制造各种不同形状的空心旋转体零件(如图6.3)。在航空上,机头罩、发动机罩、螺旋桨帽、副油箱头等零件均可用旋压方法制造。

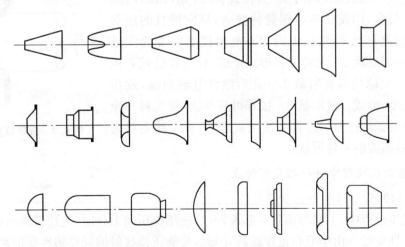

图 6.3　旋压成形的零件形状示意图

旋压成形按其变形特点可分为普通旋压和变薄旋压,变薄旋压按零件形状又可分为筒形件变薄旋压和非筒形件变薄旋压。

二、普通旋压

1. 普通旋压操作过程

普通旋压是使平板毛料渐次包覆于旋压模表面形成空心件的一种旋压方法。因其宏观效果类似于拉深成形,故又称拉深旋压。

（1）旋压前的准备

① 毛料的准备。旋压前除检查材料牌号、厚度、尺寸、表面质量外,主要是旋压毛料展开形状和尺寸确定。旋压毛料可以按照拉深零件的毛料计算公式初步确定,即按面积相等的原则将零件展开为圆形,然后在直径方向加上切割余量,每道工序的切割余量约为 10～15 mm。

② 模具的安装。按零件选定模具,先检查模具表面是否有碰伤,防止旋压时损伤零件,模具与主轴的安装要牢固可靠,并检查与主轴是否同心,旋转后是否产生偏摆。如果模具安装不同心,有偏摆,在高速旋压下就容易引起机床振动并造成零件报废。

③ 毛料的润滑与夹紧。旋压时旋棒与材料的剧烈摩擦,容易擦伤表面或摩擦生热而使零件变软,因此,旋压时必须润滑。常用的润滑剂为肥皂、黄油、蜂蜡、石蜡、机油等混合剂,在高温下用石墨或凡士林的混合油膏润滑。涂好润滑剂的毛料在旋压前应予可靠夹紧,并保持与模具中心对称。

④ 合理的转速。转速根据毛料厚度、模具直径、毛料的力学性能等因素进行选取,合理的转速一般约在 200～600 r/min。转速太低零件容易失稳,旋压棒施力时材料倒塌,使得旋压难以进行;转速太高则材料与旋压棒的接触次数太多,容易使材料过度辗薄。

（2）旋压成形过程

旋压成形过程如图 6.4 所示,先将毛料压紧在模具上,使其随同模具一起旋转,同时从毛料的内缘开始,因为内缘材料稳定性最高,用旋压棒赶辗延伸变薄,靠向模具的底部圆角,旋成过渡形状 1,然后由内向外赶料使毛料变为浅锥形,如图中过渡形状 2。此时毛料形成锥形,稳定性已较平板状提高,起皱失稳趋势有所减小。此后继续赶辗内缘,逐步增加靠模长度,形成过渡形状 3。接着再赶外缘,使毛料外缘向刚性较好的锥形过渡。这样多次反复赶辗,直至使毛料完全贴模,形成所需的零件形状。

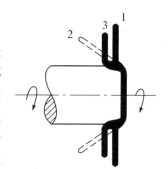

图 6.4 旋压成形顺序

2. 普通旋压过程中材料的变形特点

（1）材料的变形过程不连续

普通旋压过程中,毛料随模具一起旋转,当旋压棒压向毛料时,迫使材料向模具弯折,产生局部塑性变形。由于毛料正在旋转,因此,与旋压棒接触的局部塑性变形区材料会不断更新,并迅速扩展至整个圆周,随着旋压棒的进给,塑性变形区进一步遍及全部凸缘,使毛料成为锥形。对于凸缘材料的任一质点来说,它要经过几次"与旋压棒接触→脱离旋压棒接触"的反复,其塑性变形过程也就经历了"加载→卸载"的多次反复,因此说,普通旋压过程中材料的变形是不连续的。

(2) 材料的应变状态与拉深类似

普通旋压过程中,与旋压棒接触的局部塑性变形区材料变形状态十分复杂。在经过不连续的塑性变形过程中,零件宏观效果上表现出毛料直径缩小、厚度基本不变,即材料在周向发生了压缩变形,而在轴向发生了拉深变形。这与拉深过程中材料的变形情况相似。因此,普通旋压时材料的变形程度也可用拉深系数表示,即

$$m=\frac{d}{D_0} \tag{6.1}$$

式中,d 和 D_0 分别为零件和毛料的直径。普通旋压时,毛料尺寸可按面积不变原则计算。

(3) 起皱是普通旋压过程的主要障碍

普通旋压过程和拉深相似,同样存在毛料凸缘起皱和零件底部圆角部位拉裂两种限制因素,只是在普通旋压中,筒壁底部所受拉应力小,正常操作中破裂的危险性较小,而毛料凸缘完全悬空,失稳起皱的危险性更大。生产中采取的防皱措施包括以下方面。

① 选择合适的工艺参数。

② 采取正确的操作步骤。首先用旋压棒赶压毛料外缘,使这部分材料逐渐靠向旋压模,这时外缘材料基本上不参与变形,保持稳定的刚性圈。然后变形区由内向外逐步扩大,越接近毛料外缘,赶压力必须越小。

③ 采用如图 6.5 所示的反推辊防皱。

④ 采用多次旋压,逐步完成零件的旋压成形。此法不但防皱,且能防裂。

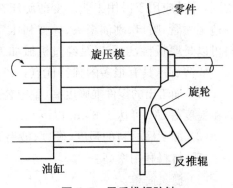

图 6.5　用反推辊防皱

3. 普通旋压的应用

普通旋压可将板料或管料制造成各种不同形状的空心旋转体零件。它可以完成下列工序。

(1) 旋压拉深,如图 6.6 所示。

(2) 旋压卷边,如图 6.7 所示。

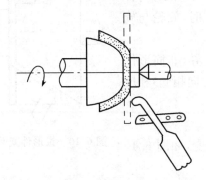

图 6.6　旋压拉深

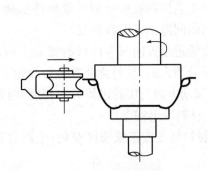

图 6.7　旋压卷边

（3）旋压收口。

（4）旋压胀形，如图6.8所示。

（5）旋压切边，如图6.9所示。

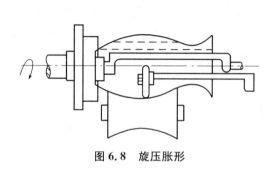

图 6.8 旋压胀形

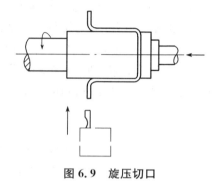

图 6.9 旋压切口

二、变薄旋压

变薄旋压是在普通旋压基础上发展起来的一种新工艺。它最早出现于欧洲的瑞典和德国，并被应用于民用工业。变薄旋压在导弹以及喷气发动机的生产中应用较多，例如，制造尾喷管、喷口、副油箱头、导弹和压气机的外壳、变厚度的空心阶梯轴等。加工用的毛料可以是厚板料，也可以是经过机械加工的锻件、铸件和焊接件等。

变薄旋压具有很多的独特优点：

（1）加工出的零件准确度高（壁厚公差可达±0.05 mm，内径可达±(0.1～0.2)mm），表面粗糙度好（R_a 可达 1.6 μm 以下）。

（2）加工后材料的强度、硬度、疲劳强度均有提高。

（3）材料利用率高。

（4）模具简单。

（5）生产率高。

1. 非筒形件变薄旋压

（1）成形过程

非筒形件变薄旋压又称剪切旋压，这里以锥形件变薄旋压为例说明。锥形件变薄旋压成形过程如图6.10所示，与普通旋压的工艺过程有些类似。锥形件变薄旋压时，旋轮与旋压模之间的间隙小于毛料厚度。

按旋轮进给方向与零件材料流动方向的差异，非筒形件变薄旋压分为正旋（材料流动方向与旋轮进给方向相同）和反旋（材料流动方向与旋轮进给方向相反）两种。

（2）材料变形特点

① 材料厚度按正弦规律变化，毛料直径不变，如图6.10所示，即

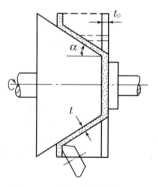

图 6.10 锥形件变薄旋压

$$t = t_0 \sin \alpha \qquad\qquad (6.2)$$

式中：α——半锥角，(°)；

　　t_0——毛料初始厚度，mm；

　　t——零件筒壁厚度，mm。

毛料厚度的变薄是锥形件变薄旋压时材料变形的宏观表现，因此，常用厚度变薄率 q 作为衡量材料变形程度的指标。q 的表达式为

$$q = \frac{t_0 - t}{t_0} \times 100\% \qquad\qquad (6.3)$$

将 $t = t_0 \sin \alpha$ 代入上式，得

$$q = (1 - \sin \alpha) \times 100\% \qquad\qquad (6.4)$$

此式说明 q 越大，厚度变薄越大，材料的变形程度越大。也可表示变形程度，α 越小，变形越大（因为 α 总是小于 $90°$）。

② 轴向剪切变形是材料变形的主要特征。锥形件变薄旋压过程中，旋轮对毛料施加高压，使材料产生局部塑性变形并不断扩展至所有凸缘。材料逐点产生轴向剪切变形，剪切旋压由此而得。

③ 锥形件变薄旋压时，材料还会绕对称轴产生一定的扭转变形。

(3) 锥形件变薄旋压成形障碍

锥形件变薄旋压成形中，如果变形程度过大或工艺参数选择不当，会导致破裂、起皱等成形障碍。

旋压过程一次完成不发生破裂的条件是变薄率小于极限变薄率。如果不满足，可采用多次旋压，中间加退火工序，也可以考虑采用加热旋压。

如果旋轮与旋压模之间的间隙、旋轮圆角半径和进给率选择不当，凸缘就会偏离原位置，向前或向后倾斜，阻碍成形过程顺利进行。这种现象被称为凸缘倒覆，如图 6.11 所示。凸缘倒覆后，往往出现起皱，皱褶的形式与拉深外皱类似。

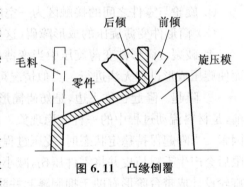

图 6.11　凸缘倒覆

2. 筒形件变薄旋压

(1) 成形过程

筒形件变薄旋压又称流动旋压或强力旋压，其成形过程如图 6.12 所示。旋轮沿筒形毛料轴向进给，筒形毛料随旋压模同步旋转。零件材料在旋轮的挤压下产生局部塑性变形，随着零件的旋转和旋轮的进给，变形扩展至整个零件，使筒壁厚度减薄，长度增加。筒形件变薄旋压的机床与非筒形件变薄旋压的机床类似或者相同。

按旋轮进给方向与零件材料流动方向的差异，筒形件变薄，旋压分为正旋（如图 6.12(a)）和反旋（如图 6.12(b)）两种。正旋时，旋轮进给方向与材料流动方向相同，而反旋时，二者相反。

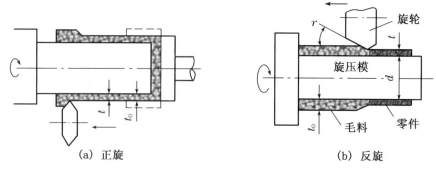

(a) 正旋　　　　　　　　　　　　　　(b) 反旋

图 6.12　筒形件变薄旋压

（2）材料变形特点

① 筒形件变薄旋压过程中,筒形毛料内径基本不变,外径减小,筒壁厚度减薄。常用壁厚变薄率 q 作为衡量材料变形程度的指标,q 的表达式为

$$q=\frac{t_0-t}{t_0}\times100\%\qquad(6.5)$$

式中,t_0 和 t 分别为旋压前后筒壁的厚度(如图 6.13)。q 越大,变薄越严重,材料的变形程度也越大。

② 筒壁厚度方向变形不均匀,引起附加应力,使零件外层纤维轴向受压,内层受拉。

③ 旋轮相对于零件的送进速度在变形区是变化的。

④ 旋轮与零件之间的接触区为一空间曲面,接触压力分布不均匀。

（3）筒形件变薄旋压的成形障碍(这里主要介绍两类典型问题)

① 破裂。筒形件变薄旋压中当变薄率超过一定值时,在筒壁上会出现破裂现象,从而使旋压成形过程无法进行。类似情况可采用多次旋压来解决。

② 隆起。隆起也称飞边,是妨碍筒形件变薄旋压的另一种工艺问题。它产生于旋轮前,是材料流动过程中的一种失稳现象。筒壁厚度、旋轮前角和进给率是影响隆起的主要因素。当隆起保持稳定状态时,旋压过程仍可继续。当隆起逐步增长时,在超过一定的界限后会产生毛料掉皮并将零件压伤,减小进给率和旋轮前角可以减少隆起。实践表明,将旋轮设计成带台阶形有助于抑制隆起并防止其继续增长。

三、旋压成形的主要工艺参数

影响旋压成形过程的工艺参数很多,下面介绍几个比较重要的参数。

1. 极限变薄率(见表 6.1)

表 6.1　极限变薄率

材料	牌号	锥形	筒形	材料	牌号	锥形	筒形
钢类	4130	75	75		D6AC	70	75
	6434	70	75		Rene41	40	60
	4340	65	75		A286	70	70

材料	牌号	锥形	筒形	材料	牌号	锥形	筒形
	Waspaloy	40	60		6061	75	75
	18%Ni	65	75		7075	65	75
	321	75	75		纯钛	45	65
	17~7PH	65	65		6-4	55	75
	347	75	75	钛类(热旋)	B120VCA	30	30
	410	60	65		6-6-4	50	70
	H11 工具钢	50	60		钼	60	60
	2014	50	70		铍	35	—
铝类	2024	50	70	难熔材料 (热旋)			
	5256	50	75		钨	45	—
	5086	65	60				

2. 旋轮进给率 f

旋轮进给率是指旋压模每旋转一周旋轮沿零件母线方向的进给量。进给率大小对旋压力大小、成形效率、可旋性和成形质量等均具有直接影响。

进给率增大，使生产率提高，零件贴模紧，对提高零件的精度有利，但也使旋压力增大，零件表面粗糙度增加。进给率过大或过小，都可能造成机床的振动或爬行，从而影响零件质量。因此，旋轮进给率的选择受很多条件的制约，见表 6.2 所示，是一些经验值，仅供参考。

表 6.2　旋轮进给率的参考值

类　型	进给率/(mm·r^{-1})	备注
薄板锥形件变薄旋压	0.1~1	
厚板锥形件变薄旋压	1~2	
筒形件变薄旋压	0.3~2.5	常用的是 0.5~1.5

3. 旋压模转速 N

旋压模转速对旋压成形过程有一定影响。增大转速，有助于提高生产率，但过高的转速往往会导致旋压模摆动和机床振动，使零件精度降低。此外，在进给率和旋压模尺寸确定的条件下，转速增高，材料产生的变形热量增高，需要更好地冷却。见表 6.3 所示，为几种常见材料旋压时旋压模转速的经验值。

表 6.3　旋压模转速的经验值

材　料	转速 N/(r·min^{-1})	材料	转速 N/(r·min^{-1})
硬黄铜板	1 200	紫铜板	600
纯铝板	300~500	不锈钢板	200~300

4. 冷却、润滑

旋压成形过程中,零件材料在旋轮的挤压下产生局部塑性变形,变形功大部分转化为热能,加之旋轮与零件之间的摩擦,形成了变形区的高温状态。为了保证旋压成形过程稳定进行,防止零件材料私附到旋轮或旋压模表面上,应对变形区进行充分的冷却和必要的润滑。见表 6.4 所示,为旋压成形常用的冷却润滑剂适用范围。

表 6.4 旋压成形常用的冷却润滑剂

材料	冷却润滑剂
铝合金	机油
低碳钢	机油
合金钢	乳化液
不锈钢	机油或乳化液冷却,二硫化钼油剂润滑

5. 旋轮

旋轮是旋压成形的主要工艺装备之一,它对零件施加成形力,并且高速旋转。因此,旋轮承受着很大的作用力和剧烈的摩擦作用,对旋压成形效果有着重大的影响。见表 6.5 所示,为旋轮结构参数的经验值。

表 6.5 旋轮结构参数的经验值

材料		$\alpha/(°)$	$\beta/(°)$	$\gamma/(°)$	ρ/D
软钢		20~25			
不锈钢	经过退火	25~30	3~6	3~5	0.015~0.03
	未经退火	25 左右			
合金钢		25~30			
铝及其合金		12~15	3	3	0.04~0.09
黄铜		25~30	3	3	—

【任务实施】

一、准备工作

1. 材料准备

材料规格:$\delta1.0\text{ mm}\times250\text{ mm}\times250\text{ mm}$;材料牌号:LF21M;数量:1件。

2. 工艺装备

工艺装备见表 6.6 所示。

表 6.6　旋压工具和设备

序号	名　称	规格型号	数量	序号	名　称	规格型号	数量
1	铁丝	$\phi4$	1	13	铅笔圆规		1
2	轨铁顶铁	特种	1	14	铅笔	2B	1
3	方形砧铁		1	15	高度游标尺	300 mm	1
4	中平锉	10″	1	16	钢板尺	300 mm	1
5	细平锉	10″	1	17	直角尺		1
6	单臂式旋压棒		1	18	游标卡尺	150 mm	1
7	模具		1	19	工作钳台		1
8	平台		1	20	手剪机		1
9	弯剪刀	10″	1	21	细砂布	400♯	1
10	划线平板	300×260	1	22	肥皂		1
11	划针		1				
12	划规	100	1				

二、操作步骤

第一步　识读与理解工件图样尺寸,理解工作任务。

第二步　领取材料:δ1、LF21M

第三步　检查材料尺寸、形状。

第四步　平面划线:分别划出旋压的始线、终线。

第五步　剪切材料:用弯剪刀剪出零件毛料。

第六步　将材料周边毛刺除去(锉修、砂布抛光),保证周边光滑无痕。

第七步　反光罩零件旋压操作:

(1)将毛料压紧在模具上。

(2)使毛料随模具一同旋转。

(3)从毛料的内缘开始,因为内缘材料稳定性最高,用旋压棒赶碾延伸变薄,靠向模具的底部圆角,旋成过渡形状 1,如图 6.13 所示。

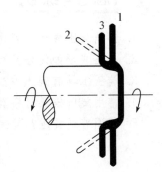

(4)然后由内向外赶料使毛料变为浅锥形,如图中过渡形状 2。此时毛料形成锥形,稳定性已较平板状提高,起皱失稳趋势有所减小。

(5)此后继续赶辗内缘,逐步增加靠模长度,形成过渡形状 3。

图 6.13　旋压成形顺序

(6)接着再赶外缘,使毛料外缘向刚性较好的锥形过渡。

(7)这样多次反复赶辗,直至使毛料完全贴模,形成所需的零件形状。

第八步　按图纸要求全面检查工件尺寸、形状,如有不符可以再做修整。

第九步 在工件底部外表面用钢字码打上班级、学号。

第十步 上交工件。

三、结束工作

第一步 清点工具和量具,摆放规范整齐,外表完好。

第二步 清扫工作现场,保持工位文明整洁,做到安全文明生产。

第三步 填写工作评价单。

【任务评价】

根据表 6.7 评分表,可对任务进行评价和总结。

表 6.7 旋压评分表

旋压技能操作评分			总分				
序号	考核项目	配分 T	评分标准			检测结果	得分
			$\leqslant T$	$>T,\leqslant 2T$	$>2T$		
1	49.7 ± 0.1	20	20	5	0		
2	47.5 ± 0.5	15	15	5	0		
3	22 ± 0.1	15	15	5	0		
4	17.8 ± 0.5	15	15	0	0		
5	表面质量:无裂纹、夹伤、划伤、锤痕等	15	发现一处扣 2 分				
6	技术安全和文明生产	20	违反规定扣 5~10 分				

【思考与练习】

1. 何谓旋压成形? 简述旋压成形的特点。

2. 旋压成形如何分类?

3. 旋压工具有哪几种? 旋压棒的工作部分有哪些不同的形式?

4. 常用旋压模具材料有哪些? 简述常用旋压模具材料各自的特点。

5. 何谓普通旋压? 简述普通旋压的特点。

项目 **7**

飞机钣金零件成形

任务 **1** 橡皮成形

【任务描述】

如图 7.1 所示,按图样尺寸用液压机制作橡皮成形件。

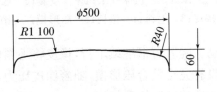

图 7.1 橡皮成形件尺寸图

【知识准备】

一、橡皮成形的基本原理及成形过程分析

1. 应用分析

在制造航空飞行器的框肋结构钣金件时,会碰到以下两种特殊问题:一是框肋零件结构复杂,通常是平面带弯边,变斜角,外缘为变曲率的复杂形状零件,并且零件上一般分布有减轻孔和加强埝,此外还有为保证零件装配时飞机外形的平滑而在弯边上压制的下陷等;二是框肋类零件钣金件的品种多,数量少,许多框肋钣金件在一架飞机上只用几件。对于上述特殊问题,在航空工厂通常用橡皮成形法解决。

2. 橡皮成形原理

橡皮成形的原理如图 7.2 所示。利用橡皮或充满液体的橡皮囊做通用上模,在压力(液体压力)作用下将毛料包贴在刚性下模上成形,叫作橡皮成形,又称液压成形。

3. 橡皮成形过程

如图 7.2(b)所示,毛料 3 用销钉 6 固定在压形模 5 上,压形模置于垫板 4 上,在容框 1 内装有橡皮 2。当容框下行时,橡皮同毛料、压形模刚一接触,橡皮就紧紧压住毛料,毛

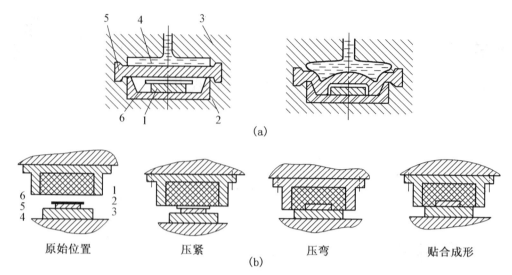

图 7.2 橡皮成形原理及成形过程

(a) 1—压形模;2—工作台;3—机床框架;4—橡皮囊;5—橡皮外胎;6—毛料。

(b) 1—容框;2—橡皮;3—毛料;4—垫板;5—压形模;6—销钉。

料因有销钉定位而不会移动。随着容框继续下行,橡皮将毛料的悬空部分沿压形模压弯,形成弯边。但这时弯边还没有完全贴合压形模,随着橡皮压力不断提高,毛料弯边也就逐渐被压贴合,橡皮压力越大,弯边贴胎情况越好。

当橡皮承受高压时,它的行为特征如同液体。因此,当压力增高时,橡皮保持为模具的形状。具体地讲,橡皮成形过程一般包括成形与校形两道工序。

成形是使板料压靠到压形模的侧壁上,所需的压力并不高。校形是将成形中产生的皱褶和回弹消除,所需的压力很高。

4. 橡皮成形方法

(1)橡皮囊成形法(固定容框式)

在橡皮囊成形法中,通常使用一种有弹性的橡皮膜,橡皮膜被封闭管道系统中的油膨胀。膨胀的橡皮膜迫使板料成形为模具的形状(如图 7.2(a))。

(2)橡皮垫成形法(移动容框式)

在橡皮垫成形法中,采用充满厚橡皮板的容框,其目的是为了获得比较均匀和比较高的单位压力。一系列形状完全不同的钣金件能在压力机的一次行程中全部成形,生产效率高,表面质量好(如图 7.2(b))。

5. 橡皮成形特点

(1)生产效率高。采用大吨位的液压床,在同一工作台上可同时加工许多零件,因而提高了生产效率。

(2)表面质量好。零件成形时,橡皮接触材料表面,因而没有机械损伤。

(3)橡皮代替了凹模作用。零件成形只需要制造凸模(即压形模),从而简化了模具构造,缩短了模具制造周期,并且降低了制造成本。

（4）试错法在该工艺中占有较大的比重，随着金属板料成形的有限元模拟和分析技术的逐渐成熟，已能利用模拟软件解决模具回弹补偿问题。

（5）材料的利用率较低。

二、橡皮成形设备与模具

1. 橡皮成形设备

（1）移动容框式（橡皮容框成形机）

如图 7.3 所示，在普通液压机的动横梁下吊装一个橡皮容框 5，横梁下行后，容框 5 与垫板 3 组成一个充满橡皮的空间。容框深度一般为 150～300 mm，为了保证橡皮的使用寿命，模具高度不宜超过容框深度的 1/3。橡皮种类对成形工作有很大的影响，要求橡皮具有一定的硬度、强度、耐磨、耐油、便于加工，天然橡胶不能满足这些要求，而聚氨酯橡胶具有较好的性能，因而在橡皮成形中得到广泛应用。

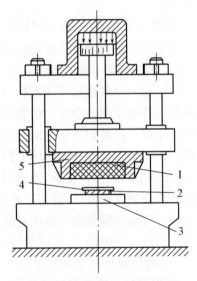

图 7.3 普通液压机装有橡皮容框
1—橡皮；2—成形模；3—垫板；
4—毛料；5—容框。

在成形过程中，将模具放在工作台上，在模具和橡皮垫之间需要成形的金属板料，在液压载荷作用下，工作平台向橡皮垫运动并迫使金属板料向模具方向运动，由于工作台面与容框处于很好的配合状态，发生变形的橡皮将使板料成形为模具形状。

移动容框式橡皮成形机通常有向上推进式和向下推进式两种。向上推进式橡皮容框机需要一个基底凹坑，以便工作高度能达到适当位置，并且能容纳底部的凸起。向下推进式橡皮容框机不需要特殊的基础，底部通常是平坦且有较大面积的区域，这使模具安放十分安全。在各式成形机的两侧配备有送料台，当传送较大尺寸板料时，一般由动力送料机构完成。

（2）固定容框式（橡皮囊液压机）

固定容框式液压机中高压油经过进（出）油管进入芯板和橡皮内胎之间，油压使芯板上浮并使橡皮内胎、外胎的周边紧压容框的下底面，从而使高压油密封。同时高压油压迫橡皮内胎向下膨胀，充满工作台凹腔中所有的空间，将毛料紧紧地包贴在成形模上。

机床的工作循环如下。

第一步　将成形模和毛料放在工作台上，盖上保护外胎用的辅助橡皮。

第二步　内胎抽真空，将工作台送入压力筒内。

第三步　向内胎通入高压油，增压达到所需的单位成形压力。

第四步　卸压回油，内胎抽真空，使内、外胎复位。

第五步　拉出工作台，取下零件或模具。

目前，橡皮囊液压机主要有两类：一类是框架式橡皮囊液压机，另一类为圆筒式橡皮囊液压机。

① 框架式橡皮囊液压机。随着框肋零件厚度的增大和精度的提高,橡皮成形时,橡皮所能提供的单位压力也不断提高。目前我国航空工厂使用的橡皮囊液压机主要有(最大作用力)9 600 t 和 77 000 t。

② 圆筒式橡皮囊液压机。框架式橡皮囊液压机与橡皮容框成形机相比,结构要紧凑得多,但它的设计尚不完善,受力方式不够合理,因此,近年来国际上通常采用圆筒式橡皮囊液压机。这种液压机为钢丝缠绕式结构,其结构质量和功率消耗比同等吨位的框架式小得多。

2. 橡皮成形模(又称压形模)

橡皮成形模为刚性半模,结构简单,工作时处于立体受压有利状态。

(1) 橡皮成形模的材料

压形模的材料根据零件形状、尺寸以及产量选用,可以是钢、铝、夹布胶木、精制层板、塑料板和锌基铝铜合金等。精制层板比硬木(例如桦木)的强度大,抗压性较好,一般用于小批量生产。用铸铝或轧制铝板作模具时,模具的加工性良好,但强度低、易变形,不适用于制作形状细长及尺寸大的环形模具。钢板强度大、耐磨损、不易变形,但质量大、加工困难,适于制造几何形状复杂、细长而尺寸很大的零件用模。塑料板质量小、制造简单,但其强度和表面硬度较低,一般用于小批量生产。在飞机的研制阶段,一般多选用硬木作为模具材料。锌基铝铜合金的熔化温度不高,铸造性能和复制性能较好,并且有较高的硬度、强度及韧性。在美国、苏联以及日本等国家多用来制造压形模。

(2) 橡皮成形模毛料的定位

① 定位销。橡皮成形的毛料一般都采用展开料,以免除修边工序,故要求定位准确,至少要采用两个定位销,为减少定位销对橡皮的损害,应尽量采用大头活动销,如图 7.4(a)所示。如用固定定位销应采用如图 7.4(b)所示的橡皮帽(注意销钉头的形状及凸起高度)。

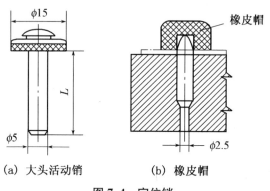

(a) 大头活动销   (b) 橡皮帽

图 7.4 定位销

② 盖板。一般与定位销同时使用,如图 7.5 所示。

③ 侧定位板。侧定位板用于无法采用定位销的零件,如图 7.6 所示。

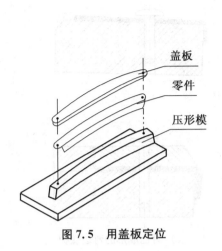

图 7.5 用盖板定位

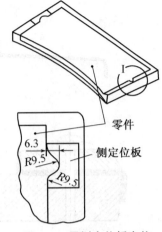

图 7.6 用侧定位板定位

（3）橡皮成形模结构

① 橡皮成形模的典型结构如图 7.7 所示。模具高度应比零件弯边高 10～15 mm，工作表面粗糙度 R_a 应达到 1.6 μm，与橡皮接触的非工作面应倒角或制圆角，模具上的减轻孔、加强窝可采用镶嵌结构。

② 成形闭斜角弯边零件，为便于取件，可采用可卸式结构，设计有可卸模块。如图 7.8 所示是另一种形式，零件一头大一头小，零件成形后可从一头抽出，毛料定位销安装在盖板上，斜块的作用是使橡皮能挤入模内，以成形小弯边。

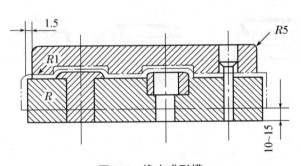

图 7.7 橡皮成形模

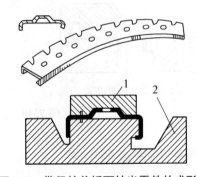

图 7.8 带保护盖板可抽出零件的成形模
1—保护盖板；2—带斜块的成形模。

③ 尺寸大、断面小的成形模，必须采取加强措施。

④ 具有反向弯边的零件，需要两套成形模分次压制，对有凸凹曲线弯边的零件，由于凹弯边比凸弯边贴模情况好，一般先压凹弯边（在飞机结构件中，一般凸弯边与蒙皮贴合，有理论外形要求，精度高，后压），在第二道工序压制时，对已成形的弯边需要保护，如图 7.9（b）（c）所示。如图 7.10 所示的反向弯边零件，可按图（b）、图（c）二次压制或图（d）、图（e）、图（f）三次压制。

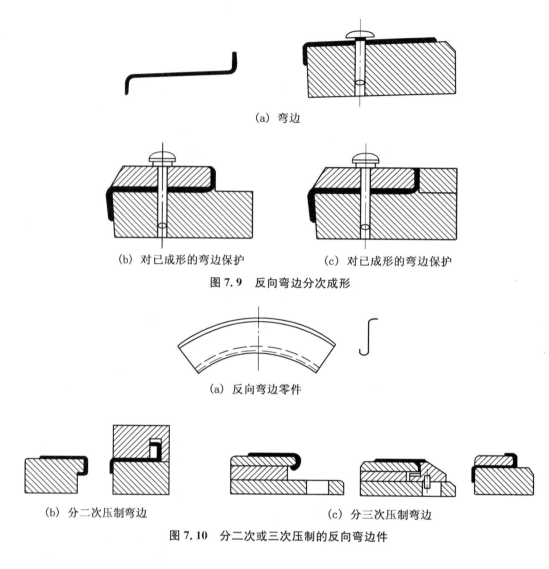

(a) 弯边

(b) 对已成形的弯边保护　　　　　(c) 对已成形的弯边保护

图 7.9　反向弯边分次成形

(a) 反向弯边零件

(b) 分二次压制弯边　　　　　　(c) 分三次压制弯边

图 7.10　分二次或三次压制的反向弯边件

三、橡皮成形工艺

1. 橡皮成形零件的分类

（1）按零件结构及工艺特点分六类，见表 7.1 所示。

表 7.1　按零件结构及工艺特点分类

序号	零件截面	分类名称	备注
1		单面弯边零件	一次成形

（续表）

序号	零件截面	分类名称	备注
2		同向双弯边零件	一次成形
3		反向双弯边零件	二次成形
4		带加强弯边的反向双弯边零件	二~三次成形
5		平面内翻边零件	一次成形
6		其他（如冲孔制加强窝等）	一次成形

（2）按变形特点分为两类，见表 7.2 所示。

表 7.2　按零件变形特点分类

分类	分类名称		变形特点
1	直线弯边（见图 7.28(a)）		弯边简单，成形时主要选定弯曲半径和回弹角，弯边高度取决于容框深度
2	曲线弯边	凹曲线弯边（见图 7.28(b)）	弯边部分材料伸长变薄，易产生裂纹，最大弯边高度取决于材料的最大延伸率、材料种类、零件厚度、毛料边缘的光洁情况和冷作硬化的程度
		凸曲线弯边（见图 7.28(c)）	弯边部分材料缩短变厚，易起皱，皱纹形成取决于材料的种类、厚度、弯边高度和平面上的曲率半径，橡皮单位压力和模具构造

2．橡皮成形极限

（1）直线弯边成形极限

直线弯边成形极限是指直线弯边零件在一次弯曲成形过程中，圆角部分不产生破裂的最大变形程度，通常用最小弯曲半径表示。直线弯边零件在成形过程中，零件的弯曲半径应大于或等于最小弯曲半径。

（2）凸曲线弯边成形极限

凸曲线弯边成形极限是指凸曲线弯边零件在一次弯边成形过程中，弯边部分不产生皱褶的最大变形程度，通常用极限弯边系数 $K_e(K_{凸})$ 表示。

通常凸曲线弯边成形系数为

$$K = \frac{H}{R_{零件} - H} \times 100\%$$

$$(7.1)$$

155

式中:K——弯边系数;

$R_{零件}$——零件平面内曲率半径。

凹曲线弯边零件成形的条件为 $K \leqslant K_L(K_凹)$。如果弯边系数超出极限数值,原则上就应分次成形,并进行中间热处理。

极限弯边系数 $K_L(K_凹)$ 的大小与材料种类、性能、状态、厚度、成形压力、毛料边缘的粗糙度、加工硬化程度、弯边高度等有关。材料厚度为 0.2~0.8 mm,凸曲线弯边零件极限弯边系数见表 7.3 所示。

表 7.3 凸曲线弯边零件极限弯边系数

材料	单位压力/MPa	极限弯边系数/(%)	附注
ZA12M(LY12M) 7A04M(LC4M)	7.5~40	15~22	新淬火状态下成形
MB8	≥7.5	85~104	加热温度 300 ℃
TA2,TA3	30~40	40~50	加热温度 300 ℃

注意:在材料厚度较小或零件的凹曲线半径较大时,采用较小的数值,反之取较大的数值。

3. 提高成形极限的工艺措施

(1)提高凸曲线弯边成形极限(消皱)的措施

① 橡皮成形后手工修整消皱。

② 提高橡皮硬度和相应提高单位成形压力。

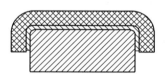

③ 采用硬度和刚度都较大的辅助成形块提高局部压力,其中以塑料盖最为简便,如图 7.11 所示,压盖用 6~12 mm 厚的聚氯乙烯塑料板加热到 120 ℃,放在套有零件的成形模上,用橡皮加压使塑料成形,冷却后修边便可使用。

图 7.11 塑料压盖消皱

④ 采用带防皱块的模具,如图 7.12 所示是带防皱块的模具。如图 7.13 所示是它的工作过程。毛料被橡皮压在防皱块上,在橡皮的压力下毛料沿防皱块的斜面下滑,防皱块和橡皮的压紧力起到一定的压边作用,故能有效地提高成形极限。

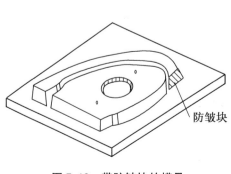

防皱块

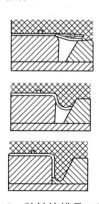

图 7.12 带防皱块的模具   图 7.13 防皱块模具工作过程

⑤ 采用刚性凹模成形,凸缘是在被橡皮压住的情况下成形,橡皮起到了通用凸模和压边圈的双重作用。其主要适用于浅拉深件。

⑥ 有的零件允许将皱纹保留于零件弯边上。这种有控制的皱纹称为花槽,航标 HB0 - 19 - 14,HB0 - 20 - 24 规定了花槽的几何形状。

（2）提高四曲线弯边成形极限的措施

提高凹曲线弯边成形极限的主要方法是多次成形,其模具采用如图 7.14 所示的有衬圈的模具。

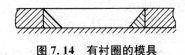

图 7.14　有衬圈的模具

4. 操作方法

（1）直线弯边零件的成形

特征:结构简单,无孔,如图 7.15 所示。

操作步骤:

第一步　领取展开料。

第二步　按展开样板划线钻销钉孔,去毛刺,擦净油污。

第三步　将毛料按弯边方向套在模具销钉上。

第四步　开动液压机压制成形。

第五步　淬火。

第六步　校正。

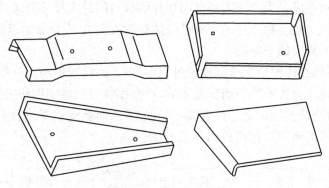

图 7.15　直线弯边零件

（2）带结构孔同向弯边零件的成形

特征:弯边带下陷,腹板上制有翻边孔、加强孔、减轻孔及加强筋。

操作步骤:

第一步　对无法成形的结构孔应预先成形。

第二步　对深度大于 4 mm 的下陷,应预先手工敲打贴模。

第三步　装配孔在淬火校正后钻出。

第四步　其余同前。

（3）带结构孔异向弯边零件的成形

特征:异向弯边,带下陷,带孔。

操作步骤:异向弯边需用两套模具分次成形,其余同前。

（4）复杂弯边零件的成形

特征：环形，月牙形，带孔，尺寸大。

操作步骤：除上述方法外，对难成形部位，在压制前预先手工局部成形，再用液压机压制成形。当弯边高度大于腹板面宽度时，在腹板上要加盖板，以防止材料向弯边外转移而使零件报废。

5. "一步法"成形

"一步法"成形是利用铝合金板料经淬火后，采用低温储存的方法，保持铝合金板料在新淬火状态下的良好塑性，并以机械化手段一次完成新淬火板料的成形与校形工作。

一般情况下，铝合金在淬火后常温下的时效期为 2 h 左右。如将新淬火的毛料存放在低温冰箱内（储料的标准温度为 -20 ℃ ~ -50 ℃，最低达 -100 ℃），则时效时间可延长至 72 h。这样就为新淬火毛料留有充分时间，以便经一次成形压成零件，从而大大提高生产率。

在"一步法"成形中，主要的设备有高压橡皮成形机床（单位压力达 70 MPa）、低温室（冷藏箱）、多轴滚校平机以及无齿收缩机。低温室有活动式钢结构或固定式砖结构。低温室以硬质聚胺酯泡沫为绝热材料，箱体为一整体，机器房设在箱外。低温室为工作间和预冷间，中间有拉门，室内有电灯照明，室顶部装有蒸发器。低温室有温度自动控制装置，使温度始终保持在要求的温度范围内（-20 ℃ ~ -15 ℃，美国波音公司规定为 -40 ℃）。低温室的容积必须能满足生产中需要低温保存的板料的最大尺寸要求。

多轴滚校平机是把下料工序的平板件经热处理而产生的变形加以校平，使其符合钣金零件技术条件所要求的平整度。

此外，钣金零件在压形模上压制成形过程中，由于弹性变形与压形模不完全贴合或零件热处理后应力应变分布不均匀而引起变形，可使用收缩机将零件松边面收缩增厚，以达到贴胎要求，同时使修整的钣金零件表面不受损伤，从而获得满意的表面质量。

"一步法"成形的典型工艺流程如图 7.16 所示。

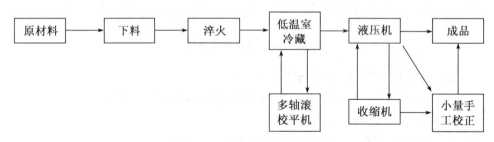

图 7.16　典型零件工艺流程

6. 橡皮成形中的注意事项

（1）在毛料上覆盖 10~20 mm 橡皮板以保护橡皮垫不受损坏。

（2）不允许使用有故障（压伤、压瘪、切削刃口已钝、销钉弯曲）的成形模，模具非工作部分要圆滑。

（3）合理摆放零件，如大零件中摆放小零件，以提高生产效率，同时应对称安放，模具高度一致,不使机床承受偏心载荷。

(4) 当成形厚零件时,为了增加成形零件的局部压力,在毛料上放厚度为 40~60 mm 的橡皮板。

(5) 超过成形极限的弯边要先手工预制。

(6) 为了吸收水分和便于橡皮的流动,每天使用前用滑石粉将橡皮表面擦拭一遍。

(7) 在毛料延伸处(如翻边孔,加强槽的近处)应放上 10~15 mm 厚的铅板以防皱,如果仍有皱纹,则应在第一次成形后用橡皮条消除皱纹,然后才能继续进行成形和校正。

7. 橡皮成形常见质量故障、原因分析与排除方法

橡皮成形常见质量故障、原因分析与排除方法,见表 7.4 所示。

表 7.4　橡皮成形常见质量故障、原因分析与排除方法

序号	故障分析	原因分析	排除方法
1	弯边皱褶	(1) 凸曲线弯边件曲率半径大,材料收缩多 (2) 单位压力不够	(1) 选用单位压力大的压床 (2) 采用带消皱埂的压模 (3) 预先手工成形变形大的边 (4) 在毛料相应部位放辅助橡皮
2	弯边裂纹	(1) 凹曲线曲率大,材料展放超过承受能力 (2) 边缘不光滑,产生应力集中 (3) 多次成形、加工硬化	(1) 局部预先手工放边成形 (2) 砂光边缘 (3) 增加成形次数并安排中间退火
3	销钉孔边缘变形	(1) 销钉变形,歪斜 (2) 毛料未套在销钉上	(1) 及时排故 (2) 细心操作
4	外形不符合制造依据	(1) 模具制造超差 (2) 模具变形	(1) 检查排故 (2) 改进结构并加强模体
5	弯边斜角不对	(1) 回弹 (2) 单位压力不够	(1) 模具修回弹角 (2) 选用高单位压力机床 (3) 模具设计消皱埂,并在相应部位放辅助橡皮块

【任务实施】

一、准备工作

1. 材料准备

材料规格:δ1.2、600×600;材料牌号:LF21M;数量:1 件。

2. 工艺装备

工艺装备,见表 7.5 所示。

表7.5 橡皮成形工具和设备

序号	名 称	规格型号	数量	序号	名 称	规格型号	数量
1	橡皮成形件模具	特制	1	13	铅笔圆规		1
2	手打模		1	14	铅笔	2B	1
3	胶木冲		1	15	高度游标尺	300 mm	1
4	中平锉	10″	1	16	钢板尺	300 mm	1
5	细平锉	10″	1	17	直角尺		1
6	液压机		1	18	游标卡尺	150 mm	1
7	胶木锤	圆柱形	1	19	工作钳台		1
8	弓形夹		1	20	手剪机		1
9	弯剪刀	10″	1	21	细砂布	400♯	1
10	划线平板	300×260	1	22	肥皂		1
11	划针		1				
12	划规	100	1				

二、操作步骤

第一步　识读与理解工件图样尺寸,理解工作任务。

第二步　领取材料:δ1.2　LF21M。

第三步　检查材料尺寸、形状。

第四步　平面划线:分别划出零件底面轮廓线、毛料剪切加工线。

第五步　剪切材料:用弯剪刀剪出零件毛料。

第六步　将材料周边毛刺除去(锉修、砂布抛光),保证周边光滑无痕。

第七步　橡皮成形操作:

① 毛料用销钉固定在压形模上。

② 压形模置于垫板上,在容框内装有橡皮。当容框下行时,橡皮同毛料、压形模刚一接触,橡皮就紧紧压住毛料,毛料因有销钉定位而不会移动。

③ 随着容框继续下行,橡皮将毛料的悬空部分沿压形模压弯,形成弯边。

④ 这时弯边还没有完全贴合压形模,随着橡皮压力不断提高,毛料弯边也就逐渐被压贴合,橡皮压力越大,弯边贴胎情况越好。

第八步　按图纸要求全面检查工件尺寸、形状,如有不符,可以再做修整。

第九步　在工件底部外表面用钢字码打上班级、学号。

第十步　上交工件。

三、结束工作

第一步　清点工具和量具,摆放规范整齐,外表完好。

第二步　清扫工作现场,保持工位文明整洁,符合安全文明生产。

第三步　填写工作评价单。

【任务评价】

根据表 7.6 评分表,可对任务进行评价和总结。

表 7.6　橡皮成形件制作评分表

橡皮成形技能操作评分			总分			
序号	考核项目	配分 T	评分标准			检测结果	得分
			$\leqslant T$	$>T,\leqslant 2T$	$>2T$		
1	500 ± 0.5	10	10	0	0	
2	$1\,100\pm0.5$	10	10	0	0	
3	40 ± 0.5	10	10	0	0	
4	60 ± 0.5	10	10	0	0	
5	平面度<0.5	20	20	0	0	
6	表面质量:无裂纹、夹伤、划伤、锤痕等	20	发现一处扣 2 分			
7	技术安全和文明生产	20	违反规定扣 5～10 分			

【思考与练习】

1. 橡皮成形的原理是什么?适合于制造哪些零件?
2. 橡皮成形有什么特点?
3. 橡皮成形设备分为哪几类?各类原理是什么?
4. 制造橡皮成形模有哪些材料?如何应用?
5. 橡皮成形模毛料一般采用什么定位?
6. 橡皮成形零件按零件结构及工艺特点分为哪几类?

任务 2　拉　形

【任务描述】

如图 7.17 所示,按图样尺寸用拉形的方法制作蒙皮件。

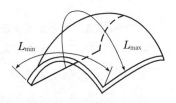

图 7.17　蒙皮件尺寸图

【知识准备】

一、拉形成形的应用与基本原理

1. 拉形的应用

所谓拉形成形,就是毛料按拉形模在拉伸机上拉伸成形。拉形成形适合成形外形尺寸大、厚度小、表面质量要求高的双曲度零件。在航空工业,它主要用于制造曲率变化较平缓的大型钣金件,特别是用于一般工艺方法难以加工的蒙皮件的成形,如机身、起落架舱、整流蒙皮、前缘蒙皮等。

拉形成形的方式有纵拉和横拉两种(如图7.18)。

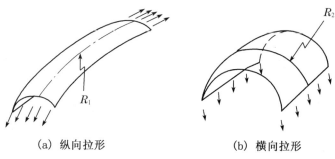

(a) 纵向拉形　　　　　　　　　(b) 横向拉形

图 7.18　拉形成形方式

对于长而纵向曲率大的双曲度蒙皮,采用纵拉;对于横向曲率大的双曲度蒙皮(如马鞍形蒙皮),采用横拉。对于带有凸或凹鼓包的蒙皮零件,还需要在蒙皮拉伸机上装有加压装置,如图7.19所示,在加压装置上安装并固定凹(或凸)模,边拉伸边对凸或凹鼓包加压方可,否则该部位难以贴模。

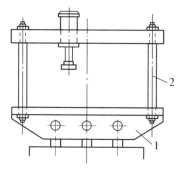

图 7.19　装在工作台上的加压装置

1—下工作台;2—上工作台支柱。

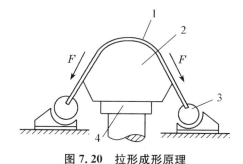

图 7.20　拉形成形原理

1—毛料;2—拉形模;3—钳口;4—升降工作台。

2. 拉形成形的基本原理

拉形成形的基本原理是利用弯曲和拉伸的作用,使板料与模胎的型面全部贴合而成为双曲度零件的成形过程。下面以横向拉形为例说明,如图7.20所示。

先将毛料 1 按拉形模 2 弯曲，两侧用拉形机的钳口 3 夹紧，然后由升降工作台 4 带动拉形模 2 向上顶，毛料 1 被拉紧，这样一直拉到贴模为止。

拉形成形过程大致可分为三个阶段（如图 7.21）。

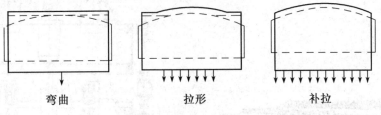

弯曲　　　　　拉形　　　　　补拉

图 7.21　蒙皮的拉形过程

在拉形成形过程中，板料的变形为弯曲、拉伸两种形式。在开始阶段板料为弯曲变形。在弯曲的同时，进入拉形的中间阶段，拉形模继续向上顶，毛料受拉力而产生塑性变形。这时毛料明显地区分为与拉形模表面贴合的成形区 A 及悬空部分的传力区 B 两部分（如图 7.22）。当拉形继续进行，一直拉到整个毛料内表面与拉形模表面贴合为止时，传力区 B 逐渐缩小，一直缩小到拉形模边缘与钳口之间部分。由于传力区不与拉形模接触，没有模具表面的摩擦作用，毛料易变薄，

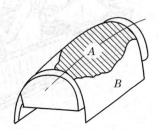

图 7.22　拉形中的 AB 区

同时夹头处应力集中影响，故此区域易被拉断，所以在拉形过程中，必须时刻注意并采取措施，防止拉废零件。

当拉到毛料完全贴模时，再进行少量拉伸（即补拉），以便减少回弹，提高成形精度。

3. 拉形成形的特点

(1) 零件表面质量好，外形准确度高。

(2) 模具构造简单，生产准备周期短。

(3) 材料利用率低，要求工人具有较高的操作熟练程度。对于形状复杂的蒙皮，在拉形过程中要穿插劳动强度较大的手工修整工作。

二、拉形设备与拉形模

1. 拉形设备

拉形机是完成拉形工作的主要设备，常用的拉形设备有以下几种。

(1) 台动式拉形机

台动式拉形机是单靠工作台的上升带动拉形模来完成拉形工作的，其结构及原理如图 7.23 所示。多数台动式拉形机用于横向拉形成形。

托板 1 可沿床身滑轨 9 前后移动，钳梁 2 铰接在托板 1 的上部；夹钳 3 装在钳梁 2 的 T 形槽内，每侧由 11 个组成。为适应拉形模的外部形状，便于拉形，夹钳 3 可前后调整。钳梁 2 由油缸 4 带动，可绕与托板 1 相铰接的轴转动 75°。工作台由油缸 5 的活塞带动升降。

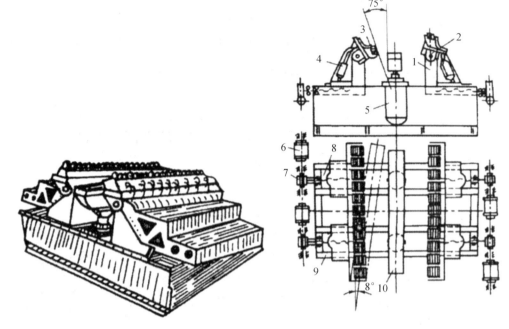

图 7.23　台动式拉形机结构及原理

1—托板；2—钳梁；3—夹钳；4—旋转钳梁油缸；5—升降工作台油缸；6—双向电动机；
7—蜗轮减速器；8—传动丝杠；9—床身滑轨；10—工作台。

机床的传动部分由机械传动、液压传动和气压传动组成。

机械传动用来移动钳梁。电动机 6 通过蜗轮减速器 7 带动传动丝杠 8 旋转，使托板 1 前后移动。通过电动机 6 换向，使传动丝杠 8 正反旋转，托板 1 便移近或离开工作台。由于托板 1 的两端分别由独立的传动系统带动，因此可使钳梁平行于工作台，也可一端移动，使钳梁的轴线与工作台的轴线成某一角度，最大调整角为 8°，适应夹钳距拉形模一定的距离。

液压传动用来升降工作台和转动钳梁，是两个独立部分。在工作中，根据实际需要使工作台一端升一端降（即使工作台倾斜）。

夹钳的钳口张开或夹紧毛料是通过气压系统传动的。

机床的工作原理就是把毛料夹紧在两排夹钳的钳口内不动，工作台顶拉形模上升，把毛料拉成所需要的形状。

（2）台钳复动式拉形机

台钳复动式拉形机是工作台和钳口同时动作完成拉形工作的。工作台与钳口也可单独动作，其结构及原理如图 7.24 所示。台钳复动式拉形机主要用于纵向拉形成形。

托板 9 由传动丝杆 13 及托板螺母 12 带动沿床身滑轨 10 移动，拉形油缸 7 和回转钳口油缸 8 用铰链铰接在托板 9 上，装有钳口 1 和钳口油缸 5 的平板 6 固装在拉形油缸 7 的活塞杆前端。工作时，毛料 2 装在钳口 1 中，由钳口油缸 5 夹紧，在回转钳口油缸 8 的作用下，拉形油缸 7 绕托板 9 的铰点轴转动而带动平板 6，使钳口 1 所夹的毛料 2 与拉形模 4 的型面曲线相切。毛料 2 的拉形，由升降工作台油缸 n 带动工作台 3 和拉形模向上

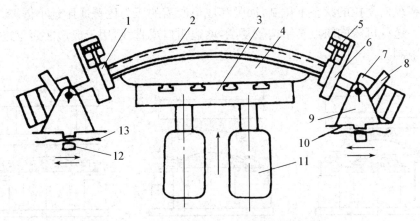

图 7.24　台钳复动式拉形机结构及原理

1—钳口；2—毛料；3—工作台；4—拉形模；5—钳口油缸；6—平板；7—拉形油缸；8—回转钳
口油缸；9—托板；10—床身滑轨；11—升降工作台油缸；12—托板螺母；13—传动丝杠。

顶，拉形油缸 7 使钳口 1 向外拉，完成拉形。

机床的传动部分由机械传动和液压传动组成。机械传动是电动机通过蜗轮减速器带动丝杠转动移动托板；依靠电动机的换向，使托板移向工作台或离开工作台。液压传动分工作台升降、钳口夹紧与回转、拉形零件三个独立系统。

有的拉形机，装有上工作台，可以控制外形曲度复杂的零件及带有凸或凹鼓包的零件。

（3）VTL－1000 拉伸成形压力机

除了上述两种拉形机外，欧美各国和俄罗斯还有其他形式的拉形机，如近几年我国进口的 TRETCHFURMPRESS(VTL－1000－160cJ－480)，简称 VTL－1000 拉伸成形压力机。

VTL－1000 拉伸成形压力机最大拉伸吨位为 1 000 美吨（907 t），最大可加工长 12 m、宽 4 m、厚 10 mm 的各类铝板、铁板及钢板等复杂蒙皮零件。它采用微机进行 CNC 控制，具有相切跟踪、屈服点探测和记录反复使用等功能。钳口可实现上仰、前后面摆动及垂直面内的旋转运动；同时可进行横向、纵向以及混合拉伸成形。

拉形设备的使用机动性在很大程度上取决于夹钳钳口的构造，此机床的主钳口，左右各一，小钳口左右每侧各一（卸掉主钳口中间两块即可换上小钳口）。型材钳口每侧一个（换掉主钳口中间两块即可换上型材钳口）。夹钳的机动性强，故可拉制复杂曲面的蒙皮件与型材件。

（4）拉伸压延机床

拉伸压延机床如图 7.25 所示。机床的动作过程：首先将平板料夹入钳口，施加拉力，达到材料的屈服应力（如图 7.25(a)）。然后两边钳口同时下行，将板料包覆于凸模上（如图 7.25(b)）。接着上台面下降，凹模和凸模合拢，完成零件的最后成形（如图 7.25(c)）。这种成形方案的特点是两边夹钳在凹模加压的过程中只是拉紧毛料，并不制止毛料向凹模内流动，夹钳所起的作用和压延模中压边圈的作用类似，可以成形远比单纯拉形更复杂的零件。和压延相比，则因通用的一对夹钳代替了专用的压边圈，模具结构更简单紧凑。

而且材料在纵向受拉的状态下压制,回弹和成形所需的压力比普通压延小得多,可以减小机床吨位。这种机床的缺点是结构较复杂,两边钳口成直线,用于成形曲面弯边的零件时受到一定限制。

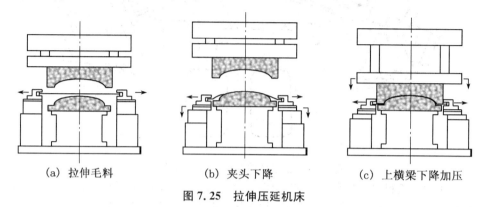

(a) 拉伸毛料　　　　　(b) 夹头下降　　　　　(c) 上横梁下降加压

图 7.25　拉伸压延机床

(5) FET1200 蒙皮拉伸成形机

FET1200 蒙皮拉伸成形机可进行横向拉伸成形,最大拉伸吨位为 1 200 美吨(1 088 t),最大可加工长 5 m、宽 5 m 的铝合金、钛合金和不锈钢等横向曲度变化大的零件。

2. 拉形模

拉形成形用的模具叫拉形模(又叫拉伸模)。

(1) 拉形模的材料

拉形模的材料,一般有木质、塑料、金属、陶瓷、耐热混凝土等几种。其特点如下:

① 木质拉形模。一般情况下,木质拉形模的基体用松木,表面用桦木,特殊情况表面用精制层板或在个别受力大的部位镶上精制层板。

木质拉形模的成本低,容易加工、制造周期短,但因容易变形、干裂、不耐久,因此多用于试制或小批生产。

② 塑料拉形模。这种拉形模是目前各厂广泛采用的一种可按正模型或反模型塑造的模具,型面的协调精确度好。塑料具有较好的强度,容易加工和返修,因此多用于成批生产。

塑料拉形模具有以下几种形式:

Ⅰ. 全塑料拉形模。这种拉形模的基体用环氧胶砂,表面层用环氧塑料(环氧树脂加铝粉或铁粉作填料加固化剂等)。

Ⅱ. 表面塑料拉形模。基体用木质,用钢板焊接为骨架,表面层用环氧塑料。这一种多用于成批生产。

Ⅲ. 泡沫塑料拉形模。这是一种薄壳式轻化模具。基体用松木制成构架,空间用化学发泡物或物理发泡物填充,表面层用环氧塑料。它适用于大型蒙皮零件。

③ 金属拉形模。金属拉形模一般有铸锌(锌合金)、铸钢两种。一般都按样板加工型面,经久耐用。

Ⅰ. 铸锌拉形模。它适合于厚零件或不锈钢零件拉形用。

Ⅱ. 铸钢拉形模。它适合于钛合金零件冷拉成形用。

④ 陶瓷拉形模和耐热混凝土拉形模。它们用于加热拉伸成形钛合金零件。

拉形模用什么材料制造比较合适,应根据零件形状、要求、产量以及零件的材料、厚度等具体情况确定。另外,还要考虑模具的使用要求及模具的用途等因素。

（2）拉形模的结构

拉形的特殊性决定其拉形模的结构应具有其独到之处。拉形模的外廓尺寸、形状、结构形式正确与否直接影响到拉形零件的质量及模具的使用寿命。拉形模的结构如图 7.26 所示。

拉形模的主要参数及作用如下:

① 两侧圆角 R 为 20～50 mm。

作用:减少拉形阻力,防止划伤零件。

② 两侧斜角为 30°。

作用:使拉力与拉形模相切（横拉时）,保证最边上的毛料能拉到贴模。

③ 两端包角 R 为 20～50 mm。

作用:减小横拉马鞍形零件时毛料向中间凹处滑动。

④ 拉形模的高度为 200～3 000 mm。

作用:保证模具具有足够的强度、使用寿命和保证贴模。为减少毛料,在保证模具强度足够的情况下,此尺寸可视具体情况确定。

⑤ 外廓尺寸。工作面的周围每边应比零件外形线放大 30～50 mm。

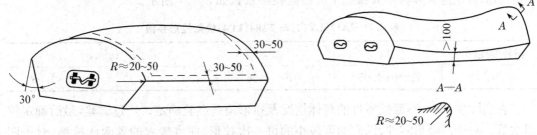

图 7.26　拉形模的结构

三、拉形工艺

1. 拉形工艺参数

（1）拉形系数

拉形系数是指材料拉形后,变形最大的剖面处长度 L_{max} 与其原长度 L_0 之比。即

$$K_L = \frac{L_{max}}{L_0} = \frac{L_0 + \Delta L}{L_0} = 1 + A \tag{7.2}$$

式中:K_L——拉形系数;

L_{max}——拉形后零件延伸最大处截面的长度,mm;

L_0——拉形前材料在该截面的原始长度,mm;

ΔL——拉形后材料在该截面的绝对伸长量（$\Delta L = L_{max} - L_0$）,mm;

A——该截面长度上的平均伸长率,%。

K_L 的数值越大,拉形的变形程度越大。为计算方便,拉形系数 K_L 可近似表示为零

件变形部位的最大长度 L_{max} 与最小长度 L_{min} 的比值。即

$$K_L = \frac{L_{max}}{L_0} \approx \frac{L_{max}}{L_{min}} \qquad (7.3)$$

L_{max} 与 L_{min} 取决于零件的形状特点，其数值可以方便地从拉形模或表面标准样件上直接量取（如图 7.27）。

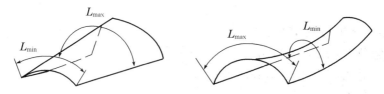

图 7.27 拉形零件的 L_{max} 与 L_{min}

（2）拉形次数与拉形程度

拉形次数是指拉制某一零件需要拉形几次才能拉成并符合要求。在生产中，希望拉形次数越少越好，最好一次拉成。通过计算，求出零件的拉形系数，再与极限拉形系数 K_{max} 两相对照，决定该零件的拉形次数。如果计算得到 $K_L \leqslant K_{max}$，则可以一次拉形，否则须进行两次或两次以上拉形。

对于某种材料的极限拉形系数可以通过试验预先获得。铝合金 2A12（LY12）与 7A04（LC4）在退火和新淬火状态下的极限拉形系数如表 7.7 所示。

表 7.7　2A12(LY12)与 7A04(LC4)极限拉形系数

材料厚度/mm	1	2	3	4
K_{max}	1.04~1.05	1.045~1.06	1.05~1.07	1.06~1.08

在实际生产中，一般按零件的具体情况及拉形模凭经验确定。经过试验，最后确定拉形次数。对于凸峰形零件，纵向曲度较小的可一次拉形，曲度较大的须两次拉形；对于凹马鞍形零件，因在拉形时毛料易向中间滑动，中部易起皱，所以一般须两次或两次以上拉形。对于纵向拉形的零件，一般都是一次拉形。拉形程度是指每次拉形时零件能达到的贴模程度及材料允许的变形程度。拉形程度的控制主要是对需要两次以上拉形的零件而言的。对于这类零件，每次应拉多少，变形量应控制在什么范围之内才能把零件顺利拉成，要在实际操作中凭经验确定或经过几次试验才能确定。

（3）拉形力与拉形速度

拉形作用力可用下式近似估算，如图 7.28 所示。

横拉时工作台上顶力为

$$F \approx 1.8 R_m S \cos\frac{\alpha}{2} \qquad (7.4)$$

纵拉时拉伸夹钳的拉力为

$$F \approx 0.9 R_m S \qquad (7.5)$$

式中：F——拉形作用力，N；

　　R_m——材料的强度极限，MPa；

　　S——毛料横截面积，mm^2；

　　α——拉形包角。

将计算出的力换算成机床的表压，再经过试验最后确定，使每次拉形时保持最大的拉力不变。

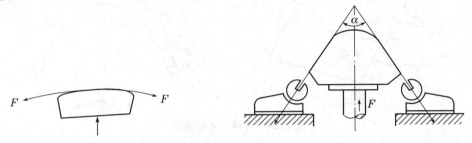

图 7.28　拉形力

拉形过程要做到速度均匀，不间断，这样有利于提高零件质量。工作台上升速度见表7.8 所示。

表 7.8　工作台上升速度（适用于铝合金材料拉形）

材料厚度/mm	工作台上升速度/(mm·s^{-1})
≤0.6	2.5～3.5
0.8～1.0	3.5～6
>1.0	6～8

（4）热处理状态选择

热处理状态选择见表7.9 所示。

表 7.9　热处理状态（适合于 2A12，2024，7A04，7075 等铝合金材料）

拉形次数	工序	热处理形态	说明
一次拉形	最后拉形	新淬火	在材料孕育期内
多次拉形	首次拉形	退火	退火状态板料拉形
	中间拉形	退火	完全退火或消除应力退火，但次数有限
	最后拉形	新淬火	可通过冷藏延长孕育期

（5）毛料尺寸的确定

采用拉形成形的零件，绝大部分都是双曲度，而且零件外形尺寸都比较大。它的毛料尺寸除了零件本身需要的部分（一般为包容拉形模型面部分）以外，要放出两侧钳口夹紧部分和钳口到拉形模边缘悬空部分（传力区），还要考虑拉形过程中的需要，这样，毛料必须很大。拉形之后，特意放大部分及零件边沿线以外部分（零件需要的装配余量留够）全部切掉成了废料。因此，拉形成形同其他成形方法相比，材料利用率很低，尤其是拉形中小零件材料利用率更低。

合理确定毛料尺寸，提高拉形工艺的材料利用率，显然是提高经济效益、降低成本的关键环节。

毛料尺寸的确定如图 7.29 所示。

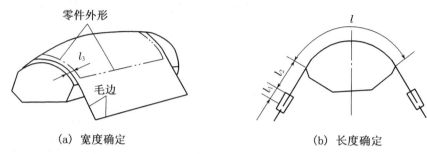

（a）宽度确定 　　　　　　　　　　　（b）长度确定

图 7.29　毛料尺寸的确定

① 毛料的长度为

$$L = l + 2(l_1 + l_2) \tag{7.6}$$

式中：L——毛料长度；

　　l——拉形模型面最大截面处的展开长度；

　　l_1——毛料的夹紧余量，与夹钳的构造有关，一般为 50 mm；

　　l_2——拉形模边缘到钳口间的过渡区（传力区）长度，一般为 100～200 mm。

l_2 的大小，除以不妨碍机床的灵活操纵为原则外，还与拉形次数、毛料的厚度及力学性能有关。例如拉的次数多、料薄且硬，拉形时易拉裂的机会多，为了裂后切掉再拉够用，应当取大些；反之，可取小些。纵向拉形时，由于拉形机的钳口是曲线弧形，它的弧度与拉形模的弧度如果相差很大，要适当加大过渡区长度，以便于拉形成形。

② 毛料的宽度为

$$B = b + 2l_3 \tag{7.7}$$

式中：B——毛料宽度；

　　b——零件的最宽处展开尺寸；

　　l_3——每边的余量，一般取 30～50 mm。

由于马鞍型零件两端高中间低，拉形时材料容易向中间滑动，需要放出两端的包角余量。对于锥度较大的零件，应下成梯形毛料。

2. 拉形成形方法

由于拉形成形的零件材料牌号及厚度的不同，零件形状及大小的不同，生产数量的多少不同，拉形成形的方法也有所不同。

（1）按拉形成形的方式分

① 横向拉形法。材料沿横向两端头夹紧，在被工作台顶升的拉形模顶力作用下，使材料与拉形模贴合的成形方法叫作横向拉形法。它主要用于短而横向曲率大的双曲度蒙皮零件成形。

② 纵向拉形法。材料沿纵向两端头夹紧，在被工作台顶升的拉形模顶力和拉伸夹钳纵向拉力的双重作用下，使材料与拉形模贴合的成形方法叫作纵向拉形法。它主要用于长而纵向曲率大的双曲度蒙皮零件成形。

（2）按拉形次数分

① 一次拉形法。这种方法适用于曲率变化不大的零件。一般来说，大多数零件采用这种方法。

为提高拉形效率，节约原材料，在生产中常采用下面几种方法。

Ⅰ. 重叠拉形法。把两张或两张以上的毛料重叠在一起拉。这样，对于薄的零件很适用。因为重叠拉形，相当于增加了厚度，在拉形中不易失稳起皱和断裂。

采用重叠拉形时，每次重叠的数量可根据设备的能力和具体加工情况确定。拉形前，要擦净毛料、去净毛刺，防止划伤。淬火后的零件或毛料要擦干表面，防止杂物或灰尘夹在中间。

重叠拉形后，由于材料厚度较薄，零件的曲度又不大，因此，外形误差可忽略不计。但因为拉形时毛料间产生摩擦，因此，对于表面质量要求高的零件，不宜采用重叠拉形。

Ⅱ. 组合拉形法。为充分利用原材料（提高材料利用率），对一些尺寸小、左右对称、曲度相似、材料牌号及厚度相同的零件，可进行组合拉形。这种方法是在一个拉形模上做出几个零件的外形。零件之间留出余量，下一块毛料进行拉形。拉形之后再按每个零件的大小剪下来。

② 多次拉形法。

Ⅰ. 重复拉形法。在一个拉形模上重复拉形。第一次用退火状态的毛料进行初拉形，第二次是在新淬火状态下拉到贴模。

Ⅱ. 多次拉形法。对于形状很复杂的零件，一次拉形或重复拉形都不能拉成时，可采用多次拉形法。多次拉形就是先用过渡模拉出过渡形（近似形或初形），再用真实形状的拉形模拉到贴模，如图 7.30 所示。

（3）特殊拉形

① 拉压法。对于带有下凹或上凸鼓包的蒙皮零件，要在装有工作台的拉形机上，一边拉形一边对鼓包处进行加压，如图 7.31 所示。

② 预制拉形。有的零件局部变形量大，即使增加拉形次数也不好拉。这就要在拉形前或拉形过程中进行预制或穿插手工整修。预制，就是事先给以变形，如图 7.32 所示。

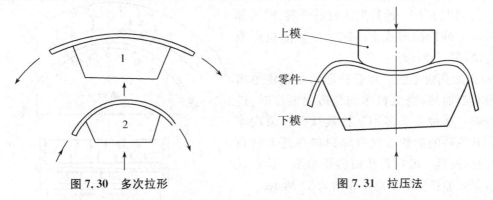

图 7.30　多次拉形　　　　　　　图 7.31　拉压法

Ⅰ. 收缩预制。将变形小的部位多余的料，用收边机进行收缩，排除皱纹后，再进行拉形。

Ⅱ. 放边预制。把变形大的部位，在滚辗机上放边，如图 7.33 所示，再进行拉形。

③ 紧箍拉形。纵向曲度近似于直母线零件或稍带有马鞍形零件，一般在拉形过程中易于沿拉力方向起纵向棱子或不贴模，此时，可用紧箍拉形，如图 7.34 所示。

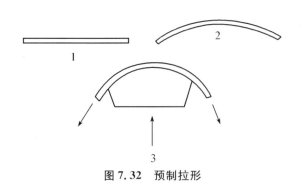

图 7.32 预制拉形

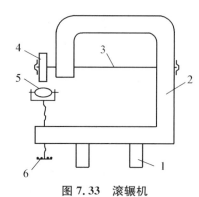

图 7.33 滚辗机

1—支架;2—机身;3—轴;4—上滚轮;
5—下滚轮;6—调整脚轮。

④ 滚弯—拉形成形。对于材料较厚的零件拉形时,钳口夹持比较困难,纵拉材料要有夹钳弧度,可滚弯毛料预制一定弧度,如图 7.35 所示。

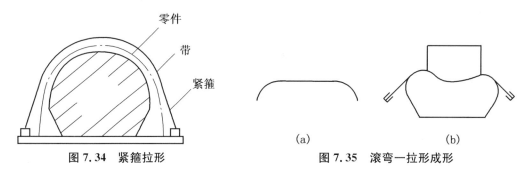

图 7.34 紧箍拉形

图 7.35 滚弯—拉形成形

⑤ 拉形—落压成形。对于形状特别复杂或只用某一种工艺方法也难以制造的零件,就要采用混合方法制造。拉形—落压成形的零件如图 7.36 所示。

图 7.36 拉形—落压成形的零件

(4)按成形温度分

① 冷拉形法。冷拉形法就是毛料、模具都在常温下进行拉形成形。综上所述的拉形成形方法,都是冷拉形。

② 加热拉形法。加热拉形法就是将毛料和模具都加热,当毛料达到合适的温度时,进行拉形。这种方法多用于铁及钛合金蒙皮零件。其毛料的加热方法有辐射加热或毛料自阻加热;模具一般用管状加热器加热。钛及钛合金蒙皮加热拉形示意图如图 7.37 所示。

3. 拉形成形的工艺过程

拉形成形方法尽管多种多样,但归结起来就是横向拉形和纵向拉形两大类。现就横向拉形和纵向拉形两种方式说明拉形成形的工

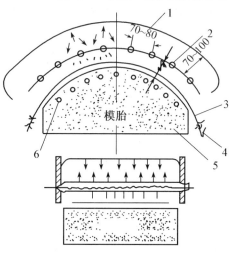

图 7.37 钛及铁合金加热拉形

1—反射罩;2—石英灯管;3—钛板;4—钳口;
S—拉形模;6—装加热管的孔。

艺过程。

（1）横向拉形工艺过程

① 按拉形模底面积的大小选用平台。平台的大小以不妨碍拉形成形为原则，一般都比拉形模的底面积稍小些，但不能小得太多，否则容易损坏拉形模。

② 将选好的平台对称装在拉形机的工作台上。

③ 将拉形模对称吊放在平台上。拉形模吊放位置应尽量使占用夹紧毛料的钳口数量最少，并使靠毛料两端的钳口能整个夹住毛料，如图 7.38 所示。根据毛料宽度，当无法做到如图 7.38（b）所示的位置，而在毛料一侧的夹钳仅夹住毛料的一部分时，按如图 7.39 所示处理，即在没夹住的部分垫上与毛料同厚度、同状态的垫片，使夹持力均匀，防止毛料在拉形过程中由此处先断裂。

④ 按拉形模外廓形状调整各夹钳的相应位置，使之与拉形模外廓尺寸相符合。

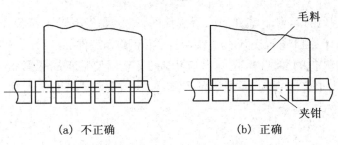

（a）不正确　　　（b）正确

图 7.38　毛料与夹钳的位置

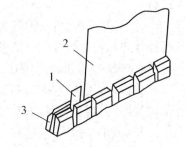

图 7.39　夹钳中垫片的位置

1—垫片；2—毛料；3—夹钳。

调整夹钳与拉形模两侧边的距离，使毛料在拉形时，能与拉形模的表面相切（见图7.40（a））。如果拉形模两侧型面延伸部分是很长的直线段，夹钳应向内转动 2°～3°，防止直线段部分的毛料起皱，如图 7.40（b）所示。

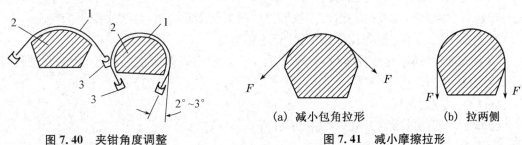

图 7.40　夹钳角度调整

1—毛料；2—拉形模；3—夹钳。

（a）减小包角拉形　　　（b）拉两侧

图 7.41　减小摩擦拉形

⑤ 弯曲毛料，并夹入两侧的夹钳中。夹料时，使两侧的余量差不多，不能一侧的余量很大，而另一侧不够用。另外，各夹钳的夹持力不一定均匀，可能大小不一。为此，应将夹钳反复夹几次，或用橡皮条抽打夹钳边缘处的毛料，使个别夹不紧的夹钳能较均匀地夹住毛料。

⑥ 上升工作台进行拉形成形。当毛料开始被拉伸时，看四周是否均匀，如果某处的毛料过松或过紧，移动钳梁来消除，否则毛料容易出皱或易断，拉形模易偏移。

形状简单的零件,将平台平行上升,一次拉成;形状复杂的零件,需将工作台倾斜一角度,先拉一部分,而后再拉另一部分,这样使毛料各部分均匀变形。在拉形过程中,可随时用橡皮条抽打或调整夹钳来排除皱纹。

在毛料完全与拉形模贴合后,给予少量补拉伸,以提高贴模度。

在拉制包角很大的零件时,因摩擦阻力大,使中间的毛料不容易伸长,不利于拉形,而会发生回弹不贴模。因此,要用减小包角的办法解决。先把顶部拉贴模,如图 7.41(a)所示,然后两排夹钳向里倒,再拉两侧,如图 7.41(b)所示。

当第一次拉形时,毛料可能起皱,皱纹起的大小与夹钳张开的程度有关,所以第一次拉形时夹钳不要张得太大,又要使顶部的毛料多产生变形。当第二次拉形时,再及时穿插橡皮条抽打,便可消除皱纹,拉出好零件。

拉形时,由于种种原因,拉形模位置可能移动,应及时纠正,否则影响拉形的顺利进行。

⑦ 下降工作台,去掉外力,松开钳口,取下零件。取下零件时,一定要先下降工作台,去掉外力后再松开钳口。否则,由于钳口先后松开不一致,易撕坏毛料或零件。

在拉制带加强筋、下陷或凹凸鼓包的零件时,拉好后应稍降工作台,使毛料的张紧状态稍放松,再用橡皮抽打,或用顶木顶好。否则,不但零件不贴模,又容易打裂零件。待全部加工好后,再去掉外力,取下零件。

(2) 纵向拉形工艺过程

纵向拉形是由工作台上顶与夹钳拉伸的复合交错动作完成的。

对某一零件来说,何时上顶、顶多少,何时拉、拉多少,是决定零件能否拉好的关键。因此,纵向拉形比横向拉形复杂得多,要具有一定的实践经验才能拉好零件。

纵向拉形时,要掌握好上顶的程度。顶多了会使纵向曲度增大,两边毛料上挠。这样,为使两边的毛料也达到一定的拉力,就必然使中间的毛料加大了拉伸量。因此,很可能在两边还未拉贴模时,中间的材料已经断裂。如果顶少了,当钳口拉伸时,中间毛料会悬空出棱,很难消除,尤其是在钳口与拉形模端面形状不吻合时,这种现象更为突出。

其主要工艺过程与横向拉形相似,这里不再重复。

拉形成形后,还不是成品零件,只是半成品。把半成品做成成品零件,还需要进行以下钣金工序。

第一步　划边沿线。

第二步　切割外形及开孔(没有孔者除外)。

第三步　修整 0。

第四步　去毛刺。

第五步　检验。

第六步　表面处理。

第七步　移交到使用单位。

【任务实施】

一、准备工作

1. 材料准备

材料牌号:LF21M;数量:1件。

2. 工艺装备

工艺装备见表7.10所示。

表 7.10　拉形工具和设备

序号	名　称	规格型号	数量	序号	名　称	规格型号	数量
1	蒙皮件模具	特制	1	12	划规	100	1
2	手打模		1	13	铅笔圆规		1
3	胶木冲		1	14	铅笔	2B	1
4	中平锉	10″	1	15	高度游标尺	300 mm	1
5	细平锉	10″	1	16	钢板尺	300 mm	1
6	拉伸成形机		1	17	直角尺		1
7	胶木锤	圆柱形	1	18	游标卡尺	150 mm	1
8	弓形夹		1	19	工作钳台		1
9	弯剪刀	10″	1	20	手剪机		1
10	划线平板	300×260	1	21	细砂布	400♯	1
11	划针		1	22	肥皂		1

二、操作步骤

第一步　识读与理解工件图样尺寸,理解工作任务。

第二步　领取材料。

第三步　检查材料尺寸、形状。

第四步　平面划线:分别划出零件底面轮廓线、毛料剪切加工线。

第五步　剪切材料:用弯剪刀剪出零件毛料。

第六步　将材料周边毛刺除去(锉修、砂布抛光),保证周边光滑无痕。

第七步　拉形操作:

① 按拉形模底面积的大小选用平台。

② 将选好的平台对称装在拉形机的工作台上。

③ 将拉形模对称吊放在平台上。

④ 按拉形模外廓形状调整各夹钳的相应位置,使之与拉形模外廓尺寸相符合。

⑤ 弯曲毛料,并夹入两侧的夹钳中。

⑥ 上升工作台进行拉形成形。

⑦ 下降工作台,去掉外力,松开钳口,取下零件。

> **注意:**在拉制带加强筋、下陷或凹凸鼓包的零件时,拉好后应稍降工作台,使毛料的张紧状态稍放松,再用橡皮抽打,或用顶木顶好。否则,不但零件不贴模,又容易打裂零件。待全部加工好后,再去掉外力,取下零件。

第八步　按图纸要求全面检查工件尺寸、形状,如有不符可以再做修整。

第九步　在工件底部外表面用钢字码打上班级、学号。

第十步　上交工件。

三、结束工作

第一步　清点工具和量具,摆放规范整齐,外表完好。

第二步　清扫工作现场,保持工位文明整洁,做到安全文明生产。

第三步　填写工作评价单。

【任务评价】

根据表 7.11 评分表,可对任务进行评价和总结。

表 7.11　蒙皮件制作评分表

序号	蒙皮件制作技能操作评分		总分				
	考核项目	配分 T	评分标准			检测结果	得分
			$\leq T$	$>T,\leq 2T$	$>2T$		
1	$L_{max}\pm 0.5$	20	20	0	0		
2	$L_{min}\pm 0.5$	20	20	0	0		
3	平面度<0.5	20	20	0	0		
4	表面质量:无裂纹、夹伤、划伤、锤痕等	20	发现一处扣 2 分				
5	技术安全和文明生产	20	违反规定扣 5～10 分				

【思考与练习】

1. 何谓拉形成形? 什么类型的零件采用拉形成形?

2. 简述拉形成形原理及特点。

3. 拉形成形过程大致分为哪三个阶段?

4. 拉形设备有哪两类? 简述其主要构造。

5. 何谓拉形模? 拉形模的材料有哪几种? 各自有什么特点?

任务 3 落压成形

【任务描述】

如图 7.42 所示,按图样尺寸用落压成形的方法制作饭盒零件。

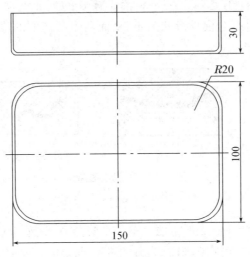

图 7.42 饭盒零件尺寸图

【知识准备】

一、概述

1. 应用分析

用铝及铝合金、镁合金、钛及钛合金、低碳钢、不锈钢等金属板材制造的外形复杂、曲面急剧变化的钣金零件,一般都可以采用落压成形,再经过校形或修整,达到图纸要求。现代飞机结构件中,外形复杂、尺寸较大的双曲度钣金零件,如各种舱门的蒙皮和口框、机尾罩、翼尖、整流包皮、半管、油箱底盖、椅盆等,用弯曲、拉深、橡皮成形等方法都难以成形或不能成形,这样的零件可以采用落压成形方法制造。

由于落压成形具有其他成形方法所没有的某些优点,因此,目前国内外的航空工厂仍广泛采用,但由于它存在不少弊端,因而不适宜大批量生产。对于表面质量和外形准确度要求高的零件,尽量不用落压成形。在具备大吨位(单位压力高)、大台面液压机或其他先进钣金成形设备的情况下,也尽可能不采用或少采用落压成形。

随着新工艺新技术的不断发展,落压成形的零件种类正在减少,但在新机型试制和小批生产中,落压成形仍可充分发挥其优势。

落压成形的零件按其形状分,有蒙皮(包括翼尖、机头罩、机尾罩、整流包皮、油箱外皮等)、口框、板弯型材、盒形件及半管等类型。

2. 落压成形的基本原理

落压成形是利用落锤的冲击力将金属板料压制成所需曲面零件的一种钣金成形工艺。

落压成形原理如图 7.43 所示,落压模的上模固定在落锤的锤头上,其下模放在锤砧的工作台上,毛料放在落压模的下模上。锤头带动固定在其上的上模 1 沿落锤立柱的导轨,从一定的高度落下,锤击毛料 2,使毛料沿下模 3 的型面流动并产生塑性变形。上下反复几次,一直压到毛料符合模具形状为止,从而获得所需要的零件。

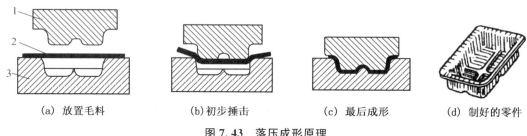

(a) 放置毛料 (b)初步捶击 (c) 最后成形 (d) 制好的零件

图 7.43　落压成形原理

1—上模;2—毛料;3—下模。

落压成形是一种综合性的成形方法。落压成形过程,实质上就是收料和放料的过程,但收料过度易使毛料失稳而起皱,阻碍毛料的进一步变形。此时,应及时消除皱纹(即进行平皱),使成形顺利进行;放料易使毛料产生不均匀的应力分布,轻者致使毛料局部变薄,重者开裂。所以在成形过程中,必须很好地掌握收料和放料、平皱及垫橡皮等方法,使落压成形顺利进行,完成零件的全部成形过程。

3. 落压成形的特点

落压成形与钣金件的其他成形方法相比较,有如下优点。

(1) 落压成形是一种综合性的半机械化成形方法。在成形过程中,可视具体情况,机动、灵活地随时穿插平皱、垫橡皮、收边和放边等手工工作。

(2) 在落压成形过程中,锤头下落的高度、锤头速度及锤击的轻重,可由工人灵活控制与掌握,因此,零件的变形速度与变形程度也可根据需要灵活掌握。

(3) 落压成形能够成形其他工艺方法不能或难以成形的零件。

(4) 落压成形所用的模具,结构简单、制造方便、容易加工,故成本低,生产准备周期短。

(5) 落压成形使用的设备,构造简单,是钣金成形设备中价格较低的一种。

落压成形的缺点有以下几点。

(1) 落压成形中材料所受的应力及其变形规律不好掌握,需要技术熟练的工人巧妙地操作,才能保证顺利地压制出高质量的零件。

(2) 在落压成形过程中,需要随时进行敲修和平皱等手工工作,否则零件易形成死皱、变薄和破裂。因此,生产率低,废品多,零件精度差。

（3）材料的利用率低。

（4）模具寿命较低,特别是铅上模的寿命更低。

（5）劳动条件差,安全性差。

二、落压设备与落压模

1. 落压设备

落压成形的主要设备是落锤,辅助设备有点击锤、收缩机、雅高机、振动剪、辗光机等。

（1）落锤

① 落锤的规格和技术性能。落锤是利用重物下落的冲击来提供成形能量的机床。在落锤中,上述重物即为锤头加上模。

目前各飞机制造厂所使用的落锤都是气动式。其吨位有 0.8 t,1.5 t,2 t,3 t 和 5 t 等五种规格。落锤的吨位是以在 5 atm(1 atm＝101.325 kPa)下,汽缸所能提起落压模上模的最大质量来表示的。落锤的主要技术性能见表 7.12 所示。

表 7.12　空气式落锤的技术性能

型号	工作台尺寸 长×宽 mm	锤头最大行程 mm	5 atm		机床外廓尺寸 mm	最大锤击速度 m·min⁻¹	锤击次数 次·min⁻¹
			吨位 t	全程锤击力 t			
0.8	900×700	850	0.8	320～480	1 800×1 800×4 200	4	30
1.5	1 200×900	1 050	1.5	600～900	2 200×1 450×4 735	4	30
2	1 200×1 200	1 100	2	800～1200	2 200×1 140×5 135	5.5	25
3	1 700×1 700	1 200	3	1 200～1 800	2 750×2 160×5 730	5	2.3
5	3 100×1 800	1 500	5	2 000～2 500	4 450×3 000×7 500	5.5	1.6

② 落锤的构造。落锤虽然有五种规格,但它们的构造却基本相同。

Ⅰ. 锤砧。锤砧是落锤的基础,其上安装工作台和立柱。

Ⅱ. 工作台。工作台是用螺栓固定在锤砧上,落压模的下模放在工作台上。

Ⅲ. 立柱。立柱是用 4 个装有弹簧的螺栓固紧在锤砧上。立柱上有导轨,以供锤头上、下滑行时导正。它上面还有锁紧卡板及其作动筒,以便将锤头悬停于工作台上方的一定高度处。

Ⅳ. 横梁。横梁是用 8 个装有弹簧的螺栓固紧在立柱上的。这样,它把锤砧、立柱连接成整体。在横梁上面安装汽缸。汽缸的活塞杆通过横梁上的孔与锤头连接。

Ⅴ. 活塞杆。活塞杆是一个极其重要的构件。它带动锤头进行锤击。

Ⅵ. 栓头。栓头是通过锤头上的孔用双头螺丝固定落压模的上模的。

除以上六大部分外,还有操纵机构、压缩空气分配机构、空气过滤器、消声器和润滑装置等。

③ 落锤的工作原理。落锤的操纵方法有手脚操纵和双手操纵两种。用双手操纵的落锤,只有当工人的两只手同时操纵其两个手柄时,才能启动,故工作比较安全。

（2）辅助设备

① 点击锤(或雅高机)。点击锤的功用是对板料或工序件进行局部放料和消皱。

② 收缩机(或雅高机)。收缩机的功用是对板料或工序件周边进行收料,使材料拱曲而达到预先成形的目的。

③ 振动剪。振动剪的功用是切割多余毛料以便成形。该设备切割精度低,不能用于最后精切割。

④ 辗光机。辗光机的功用一是辗光零件表面;二是对曲面零件的某一区域进行局部放料,以使板料弯曲;三是根据加工零件的曲度不同,可更换不同形状的滚轮以求改变加工曲度。

2. 落压模

落压成形用的模具叫作落压模(也称落锤模)。

（1）落压模的种类

① 按制造落压模的材料分为环氧塑料落压模、聚胺酯橡胶落压模和铅锌落压模(又叫铅锌模)三种。

Ⅰ. 环氧塑料落压模。它是用环氧塑料塑造而成的,一般用锌合金铸成基体,型面用环氧塑料塑造。这种模具的型面尺寸准确、协调精度高。但因环氧塑料是脆性材料,使用中型面上易出现沙眼或气孔而损伤零件,甚至型面裂损,故不适合大批量生产使用。

Ⅱ. 聚胺酯橡胶落压模。它也是用锌合金铸成基体的,其型面用聚胺酯橡胶塑造而成。材料具有弹性,不易裂损。用这种模具压制零件不会损伤,贴模度好,适用于压制厚度较薄的蒙皮类零件。但因这种材料弹性大,硬度低,有时零件的皱纹压不平。

Ⅲ. 铅锌模。它是全金属模具,由铸件毛料经钳工加工而成。上模材料是铅合金。它的密度大,较软,锤击零件的效果好,不易划伤零件。下模材料是锌合金,其强度、硬度都能满足成批生产的使用要求,寿命长,故使用比较广泛。

② 落压模按用途分为成形模、过渡模和校形模三种。

Ⅰ. 成形模。这种模具的型面与零件形状、尺寸完全一致,直接用来压制成形零件而不需要过渡模和校形模,适用于压制形状比较简单的零件。

Ⅱ. 过渡模。模具型面制成零件大致的过渡形,用来成形出零件的雏形或过渡形,再用校形模校正成零件的最后形状。其精度要求不高,适用于形状复杂,用成形模不能直接成形的零件。

Ⅲ. 校形模。它的型面与零件的最后形状完全一致,专门用来校正零件使其达到所要求的形状,因此,它的精度要求很高。

（2）落压模典型结构

落压模的典型结构如图 7.44 所示。落压模由上模和下模组成。起重耳环有起吊搬运的作用,铸入上下模内。带台阶的螺母是往锤头上固紧上模时使,只铸入上模的上部。导向块(或导向槽)起上下模导向的作用(有时为了防止上模变形)。上模与锤头固定形式如图 7.45 所示。

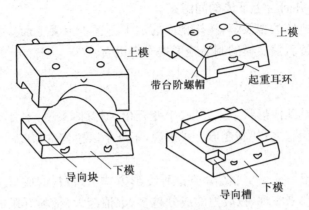

图 7.44　落压模的典型结构

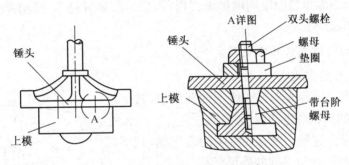

图 7.45　上模与锤头的固定形式

（3）落压模与落锤的匹配

① 上模的质量应小于落锤的标定吨位值。

② 落压模的外廓尺寸不得超过落锤台面的有效尺寸。

③ 上下模的开启高度不得超过锤头的最大行程。

（4）落压模加工制造过程

环氧塑料落压模和聚胺酯橡胶落压模的制造过程大致相同。先按已制好的模型（石膏模或木模型）做砂型，往砂型中浇注熔化好的锌合金液体，凝固冷却后成为模体。再按反模型或实样用环氧塑料或聚胺酯橡胶塑造型面，经加热固化或硫化后即可，上下模制好后刨平上下模面，检验合格即可使用。

铅锌模的制造过程则不同。它必须先制造下模，再按已加工好的下模铸造上模。

① 下模的制造过程：

Ⅰ. 做砂型（造型）。按正（反）模型或石膏模（也可按模胎）制造砂型，并烘干。

Ⅱ. 浇注下模。

Ⅲ. 加工下模。按样板或反模型（有时也按实样）加工型面，划出必要的基准线及零件边沿线。

② 上模的制造过程：

Ⅰ. 造型。

Ⅱ. 浇注上模。

Ⅲ. 钳工修光,并研合上下模的间隙。

随着数控加工机床的普及,落压模型面的加工也逐步由手工加工提升为数控机床加工,加工效率明显提高,落压模的制造精度提升得更大。

三、落压工艺

落压零件尽管其几何形状千差万别、千变万化,但总体来说,不外乎凸曲面和凹曲面两大类或者两者兼而有之;就其变形方式来说,不外乎以拉为主和以压为主或拉压两种变形方式的组合。

以拉为主的变形方式——"放"。在这种变形方式下,板料的成形主要是依靠其纤维的伸长与厚度的减薄来实现,拉应力的成分越多,数值越大,板料纤维的伸长与厚度减薄越严重。以压为主的变形方式——"收"。与上述相反,在这种变形方式下,板料的成形主要是依靠其纤维的缩短与厚度的增加来实现,压应力的成分越多,数值越大,板料纤维的压缩与厚度增加越严重。

1. 落压成形的方式及其决定因素

(1)落压成形的方式

① 压缩成形。这种成形方式所用的落压模,其下模是凸模,工作面的形状与零件内形相符。

② 拉伸成形。这种成形方式所用的落压模,其下模是凹模,工作面的形状与零件的外形相符。

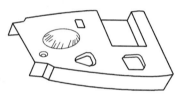

③ 混合成形。这种成形方式所用的落压模,其下模凸、凹部分都有,如图 7.46 所示。

图 7.46　混合成形(仅示出零件)

(2)决定落压成形方式的因素

在确定落压成形方式时,首先考虑的因素有以下几个方面。

① 采取哪一种变形方式有利。

② 能否一次压成及过渡模的道数与形式。

③ 能否保证零件质量。

④ 模具制造难易及使用要求。

2. 落压成形方法

对于形状比较简单的零件用成形模一次可以成形,有的零件落压后还要穿插手工修整工序,然后再进行落压,直到最终要求的形状。对于形状比较复杂的零件则可采用垫层板、垫橡皮等方法成形。也有的零件必须采用过渡模成形,最后经过校形达到要求。

(1)一次成形

形状比较简单的零件,如曲度不大的蒙皮、框板、板制型材、半管等,用成形模一道落压工序即可成形。

(2)预制—落压成形

① 收边—落压成形。有的零件,需先将平直的毛料在收缩机(或雅高机)上收边,收缩成拱曲形再落压成形。否则,会因板料边缘收料剧烈而形成大量的皱纹,以致产生死

皱,如图 7.47 所示。

②放边—落压成形。对于口框类零件,中部有鼓包(鼓包中部材料需在最后切掉),在成形中,鼓包部分是拉伸,周围材料补充不进去,会导致此部分拉裂,故需在鼓包部位垫橡皮或在点击锤(或雅高机)上展放,然后进行落压。

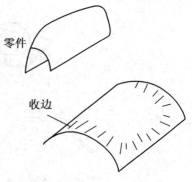

图 7.47　收边—落压成形

（3）垫橡皮成形

根据板料在落压成形过程中变形的具体情况,在毛料的上面或下面垫上不同形状与厚度的橡皮进行锤击,可以使成形顺利进行。因为橡皮具有弹性和可压缩性,特别是它的摩擦力大,在锤头和上模锤击力的作用下它能贴紧板料,随着橡皮本身的变形而带着板料流动,从而起排皱作用和储料作用,而且改善板料的受力状态,以防止零件过分变薄或拉裂。此外,垫橡皮还能起加大圆角等作用。随着成形的进行,要逐步地取下橡皮或移动橡皮的位置,最后用上模校形,即完成了落压成形工序。

（4）垫层板成形

对于具有封闭形状的深拉深件(如盒形件),采用一道模具垫层板方法落压成形。不论下模是压缩式(凸模)还是拉伸式(凹模),均可采用。

垫层板(与毛料接触的那一层用 3～4 mm 厚的光滑钢板,其余各层用 8～10 mm 厚的木质航空层板制作)可以压紧毛料,限制上模每次锤击压进的深度,控制变形量,以便循序渐进地将毛料拉入下模型腔,使之少产生皱纹或避免拉裂。

（5）过渡模成形

对于形状复杂、深度较大的双曲度零件,采用上述方法不能或难以成形时,采用过渡模(两道或几道模具)成形。

所谓过渡模成形,就是用过渡模先成形出深度较浅的或形状简单的过渡雏形(起储料作用,以备下一步成形的需要),以便防止板料在成形过程中过分起皱、变薄或拉裂,然后再按校形模落压校形。

根据零件的具体情况,用过渡模成形方法大致有以下几方面,供选用。

①加大圆角,使材料流动顺利,如图 7.48 所示。

②划分成形区域,由里往外依次成形。

③先成形局部,再成形全部。

④缓和变形程序。

⑤降低高度,储存材料。

⑥重叠成形。对于材料厚度小于 0.6 mm 的零件,可以把几件重叠起来一起落压成形,然后再单个分别校形。这样,不但提高效率,而且能减少皱纹,提高零件的表面质量。

⑦成组成形。对于小型零件,如板制型材、小整流罩等,为提高效率、节省原材料或改善受力状态,可以把两件或几件连在一起(下一块毛料),成组落压成形,然后再各个切开,分别校形。

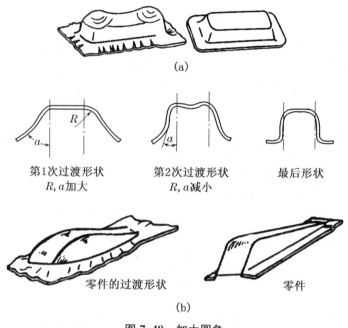

(a)

第1次过渡形状　　　第2次过渡形状　　　最后形状
R,a加大　　　　　　　R,a减小

零件的过渡形状　　　　　　零件

(b)

图 7.48　加大圆角

（6）拉形—落压成形

对于某些双曲度而变形量又大的蒙皮类零件,其外表面与气动力外形有关,表面质量、制造精度和协调精度及光滑流线程度要求很高。如果毛料直接落压成形,则形成很多皱纹而达不到质量要求。因此,需先把毛料放在蒙皮拉形机上拉形后再落压成形。

（7）落压—旋压成形

对于某些大型旋转体零件,如果仅用旋压成形,不但需要多道旋压模进行旋压,而且往往因板料过分变薄而达不到技术要求。这时,可先落压成形为过渡雏形,再旋压成零件的真实形状。

（8）滚弯—落压成形

曲度大的近似单曲度的零件,可先将毛料在滚弯机上滚出曲度,再落压成形。

（9）拉深—落压成形

形状比较规则的箱体零件,可先将毛料通过拉深预成形(压边力不可过大,防止壁厚变薄),再落压成形。

落压成形以后,还要将半成品加工成成品零件。主要的钣金加工工序有以下几个。

第一步　划出零件边沿线。

第二步　切割外形及开孔(无孔者除外)。

第三步　修整。

第四步　淬火(不需要者除外)。

第五步　修整淬火产生的变形。

第六步　最后切割到尺寸。

第七步　检验。

第八步　表面处理(不需要者除外)。

第九步　移交到使用单位。

3. 落压成形要点

在落压成形过程中放料和收料的程度和部位要掌握好,即正确掌握与控制材料的流动。其原则是"开流"和"限流"。

"开流",就是在需要材料收和放时,应设法减小材料流动的阻力,让其顺利流动。这就要求落压模的间隙及凸模圆角适当,做到合理润滑。

"限流",就是在不需要材料流进的地方,加大其流动阻力,限制其流动。

达到以上要求的具体办法有以下几种。

(1) 采用正确的毛料尺寸。

(2) 采用合理的模具间隙。

(3) 做到合理收料和放料,随时平皱。

(4) 正确使用层板及垫橡皮。

4. 落压成形常见的废品种类、产生原因与改进措施

在落压成形过程中,零件上的应力、应变分布十分复杂且极不均匀。在拉应力大的部位,轻者变薄,重者产生裂纹,甚至开裂;而压应力大的部位,材料会因失稳而起皱,甚至出现死皱。因此,零件局部变薄、裂纹、开裂以及形成死皱,是落压零件废品的主要特征,其产生原因与改进措施见表 7.13 所示。

表 7.13　落压成形常见的废品种类、产生原因与改进措施

废品种类及特征	产生原因	改进措施
表面划伤和擦伤	(1) 落压模型面不光滑或未擦净; (2) 毛料有毛刺或未擦净; (3) 落压模间隙不合理; (4) 落压成形过程中润滑不良。	(1) 擦净并打光落压模型面; (2) 去除毛刺,擦净毛料; (3) 采用合理的模具间隙; (4) 加润滑剂。
皱纹或死皱	(1) 收料不当而造成多料或者收料剧烈; (2) 锤击中形成的皱纹没有及时展开; (3) 落压模间隙大; (4) 毛料小。	(1) 做到合理收料,正确使用层板及垫橡皮,随时平皱; (2) 采用合理的模具间隙; (3) 采用正确的毛料尺寸。
局部变薄形成裂纹或开裂	(1) 放料不当; (2) 一次锤击的变形量过大; (3) 毛料大,边缘有毛刺; (4) 落压模的间隙小; (5) 落压模的凹模圆角小。	(1) 做到合理放料,正确使用层板及垫橡皮; (2) 一次锤击的变形量要适当; (3) 采用正确的毛料尺寸,去除毛刺; (4) 采用合理的模具间隙; (5) 落压模的圆角半径要合理。

【任务实施】

一、准备工作

1. 材料准备

材料规格:δ1.2、300×200;材料牌号:LF21M;数量:1件。

2. 工艺装备

本任务的工艺装备见表7.14所示。

表7.14　落压工具和设备

序号	名　称	规格型号	数量	序号	名　称	规格型号	数量
1	饭盒模具	特制	1	13	铅笔圆规		1
2	手打模		1	14	铅笔	2B	1
3	胶木冲		1	15	高度游标尺	300 mm	1
4	中平锉	10″	1	16	钢板尺	300 mm	1
5	细平锉	10″	1	17	直角尺		1
6	落锤		1	18	游标卡尺	150 mm	1
7	胶木锤	圆柱形	1	19	工作钳台		1
8	弓形夹		1	20	手剪机		1
9	弯剪刀	10″	1	21	细砂布	400#	1
10	划线平板	300×260	1	22	肥皂		1
11	划针		1				
12	划规	100	1				

二、操作步骤

第一步　识读与理解工件图样尺寸,理解工作任务。

第二步　领取材料:δ1.2,300×200,LF21M。

第三步　检查材料尺寸、形状。

第四步　平面划线:分别划出零件底面轮廓线、毛料剪切加工线。

第五步　剪切材料:用弯剪刀剪出零件毛料。

第六步　将材料周边毛刺除去(锉修、砂布抛光),保证周边光滑无痕。

第七步　落压操作:

① 在启动落锤之前,要打开压缩空气管路中的各个开关,让压缩空气进入分气机构。

② 用左手拉下滑轮开关手柄,使压缩空气进入限流阀和锁紧卡板作动筒,再进入滑

阀室。

③ 用右手将操纵手柄稍向上提,这时锤头向上移动而锁紧卡板收回。这就可以操纵锤头进行锤击。

④ 锤头的上下运动方向与操纵手柄的上下移动方向是一致的。即操纵手柄向上提,锤头上升;操纵手柄向下按,锤头下落。锤击力的大小取决于限流阀开启的大小(即进气量的多少)和操纵手柄下按的速度。进气量大、下按速度快,锤击力就大;反之,锤击力小。

⑤ 当不锤击而修整零件或取放零件时(或工作结束后),要将锤头升到上限位置,锁紧卡板伸出导轨,再把锤头停在锁紧卡板上。

⑥ 从模胎上取下工件,按图纸要求划出工件高度的等高线。

⑦ 用手剪沿等高线剪去多余材料,再用细锉、细纱布精修工件口部。

第八步　按图纸要求全面检查工件尺寸、形状,如有不符可以再做修整。

第九步　在工件底部外表面用钢字码打上班级、学号。

第十步　上交工件。

三、结束工作

第一步　清点工具和量具,摆放规范整齐,外表完好。

第二步　清扫工作现场,保持工位文明整洁,做到安全文明生产。

第三步　填写工作评价单。

【任务评价】

根据表 7.15 评分表,可对任务进行评价和总结。

表 7.15　饭盒零件制作评分表

序号	零件制作技能操作评分		总分			检测结果	得分
	考核项目	配分 T	评分标准				
			$\leq T$	$>T,\leq 2T$	$>2T$		
1	30±0.5	10	10	0	0		
2	100±0.5	10	10	0	0		
3	20±0.5	10	10	0	0		
4	100±0.5	10	10	0	0		
5	150±0.5	10	10	0	0		
6	平面度<0.5	10	10	0	0		
7	表面质量:无裂纹、夹伤、划伤、锤痕等	20	发现一处扣 2 分				
8	技术安全和文明生产	20	违反规定扣 5～10 分				

【思考与练习】

1. 何谓拉形成形？什么类型的零件采用拉形成形？
2. 简述拉形成形原理及特点。
3. 拉形成形过程大致分为哪三个阶段？
4. 拉形设备有哪两类？简述其主要构造。
5. 何谓拉形模？拉形模的材料有哪几种？各自有什么特点？

特种成形

任务 1　喷丸与高能成形

【任务描述】

对图 8.1 所示的 ARJ21 飞机机翼上的后壁板进行喷丸处理,材料为 7055T7751,外形尺寸为长 12.7 m×2.1 m,截面最大厚度为 $\delta=11.6$ mm。

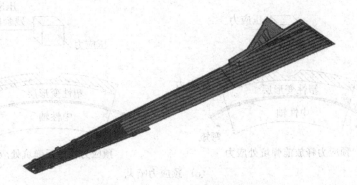

图 8.1　ARJ21 飞机机翼上后壁板

【知识准备】

一、喷丸成形

1. 机械喷丸成形

(1) 基本原理

机械喷丸成形是 20 世纪 50 年代随着飞机整体壁板的应用,在喷丸强化工艺的基础上发展起来的一种工艺方法。它用以成形外形变化平缓的蒙皮类钣金件,这些零件可以是等厚板、变厚度板和带筋整体壁板,是飞机工业成形整体壁板和整体厚蒙皮零件的主要方法之一。

喷丸成形的基本原理是利用高速弹流撞击金属板件表面,使受喷表面的表层材料产生塑性变形,导致残余应力,逐步使整体达到外形曲率要求的一种成形方法。喷丸成形原理如图 8.2 所示,喷丸成形时,每个金属弹丸都以高速撞击金属板件的表面,使受喷表面的金属围绕每个弹丸向四周延伸,金属的延伸超过材料的屈服极限,产生塑性变形,形成压抗,从而引起受喷表层的面积加大,但表层材料的延伸又为内层金属所牵制,因而在板件内部产生了内应力,内应力平衡的结果使板件发生双向弯曲变形,从而使板料成形。

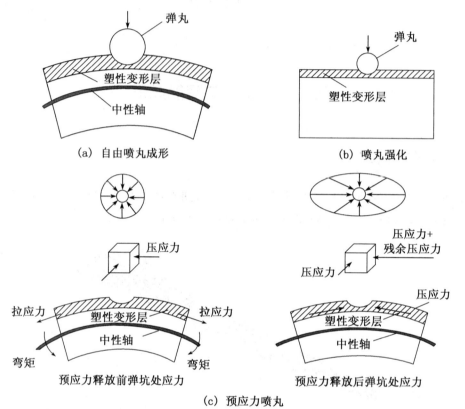

图 8.2 喷丸成形原理示意图

(2)机械喷丸成形后板料的特点

① 喷丸成形时高速的球形弹丸撞击板坯表层,使一定深度的表层产生塑性延伸变形。变形后,内应力达到平衡。喷丸在材料表面形成的应力层,阻止和延缓裂纹的产生、扩展,能提高零件的疲劳强度。

② 板坯接受给定弹流的喷射,当覆盖率达到饱和状态,零件不再变形。

③ 喷丸的送进方式和弹流参数可以随意匹配,加工程序有很大的灵活性。

④ 只要提供足够的弹丸散射面积,一般被加工零件的长宽尺寸不受限制。

⑤ 喷丸零件表层压应力的存在,提高材料的疲劳性能和抗应力腐蚀能力,可以和喷丸强化同步进行。

⑥ 虽然喷丸的设备和工艺装备结构简单,造价低廉,但加工过程对工人操作技巧和经验积累依赖性很大,目前,尚未出现严格规定的工艺程序,针对具体零件依靠试喷丸试验数据和工人技术进行加工。

（3）喷丸成形的工艺参数

① 极限成形半径在自由状态下，当板材厚度远大于残余应力层深度时，板材喷丸极限成形半径 R_{min} 如下表示：

$$R_{min} = K \frac{Et^2}{(1-\mu)\sin\alpha dv} \tag{8.1}$$

式中 R_{min} —喷丸成形极限半径，mm；K —成形系数（试验测定）；E —板材弹性模量；μ —泊松比；d —弹丸直径，mm；t —板材厚度，mm；v —弹流速度，mm/s；α —单流喷射角。

② 工艺参数

Ⅰ. 喷丸强度

喷丸强度是计量弹流撞击零件表面能量大小的尺度，通常用单面喷丸阿尔门试片（Almen Strip）时，试片所产生的弯曲弧度的弧高值来表示。它是度量受喷材料表面总压缩应力的一种方法。

Ⅱ. 覆盖率

覆盖率是表达被弹丸流撞击的零件表面弹坑覆盖程度，计量压缩应力的均匀性，通过目视或计算测定弹丸流实际撞击表面面积的百分数。

$$R = \frac{F}{F_0} \times 100\% \tag{8.2}$$

式中，R —覆盖率；F —弹坑占有的零件表面积，mm^2；F_0 —受喷零件的总面积，mm^2。

Ⅲ. 弹流速度

弹流速度反映弹丸具有的能量。不论是从压缩空气喷嘴，还是从高速旋转叶轮中喷出，都很难测定其确切的量值，一般通过调整压缩空气压力和叶轮转速来控制。速度与喷丸强度有一定的关系。

Ⅳ. 弹丸

弹丸是喷丸成形动能的载体，弹丸的直径、材料、硬度、形状都能影响喷丸成形。

Ⅴ. 喷射角

喷射角表明弹丸流对零件撞击的方向，只有弹丸运动速度相对于零件表面垂直的分量才产生使零件变形的力。一般，当喷嘴相对于零件垂直喷射时效果最佳。

Ⅵ. 弹丸流量

弹丸单位时间通过喷嘴或叶轮喷射的数量，按重量计。在喷丸机的输送弹丸系统中，弹丸进口的大小可以控制，以调节流量。在加工过程中不变。弹丸流量是弹流动能的计量参数之一，影响喷丸强度。

Ⅶ. 喷射时间

喷射时间是覆盖率的决定因素。当喷射时间使覆盖率达到饱和时，零件不再变形。喷射时间与弧高值也有一定的关系。

Ⅷ. 喷射距离

指喷嘴或叶轮至被加工零件表面的距离，主要影响弹流速度和弹丸散射面积。不同类型的弹丸驱动装置，弹流散射面的形状也不同。

2. 激光喷丸成形

（1）基本原理

激光喷丸成形技术是利用激光诱导产生的冲击波压力,在金属板料表面产生深度分布的高幅残余应力场,使金属板料产生变形的方法。该工艺采用高功率短脉冲激光诱导冲击效应在壁板表层引入非均匀分布塑性变形,实现小曲率弯曲成形,如图8.3所示。激光喷丸成形是一个复杂的物理过程,在激光辐照下,工件表面吸收层吸收激光并形成等离子体,在约束层的作用下,形成冲击压力。冲击压力作用于工件表面的局部区域,形成应力波,其幅值高达 $1\sim10\,\mathrm{GPa}$,持续时间约为 $100\,\mathrm{ns}$。在瞬态冲击压力作用下,冲击区产生塑性应变,并随着激光扫描工件表面,塑性区面积不断增加,使小变形不断累积,最终形成所需形状。现有研究表明,激光喷丸塑性层厚度是传统机械喷丸的 $5\sim10$ 倍,在加筋壁板成形方面具有独特优势。此外,采用激光作为能量源,工艺可控性强,可以有效克服机械喷丸成形由于难以精确控制弹丸作用区域,形状精度保证困难的缺点。因此,激光喷丸成形技术能够有效克服传统壁板成形方法的不足,实现大型高加筋复杂型面带筋壁板的形性一体化成形制造。

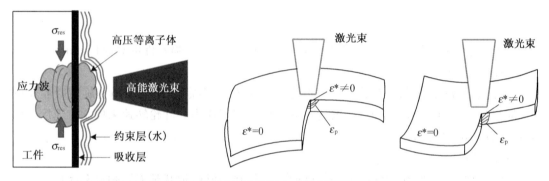

图8.3 激光喷丸成形示意图

（2）激光喷丸成形的技术特点

① 工艺装备简单。无需成形模具,只需简单的夹具,准备周期短,固定投资少。

② 无工艺余料。不仅节省了原材料,还减少了成形后的修边和铣削工序。

③ 加工的柔性大。既可成形单曲率外形,又可成形双曲率外形,如机翼上下气动弯折区或非直母线区,且零件长度不受喷丸成形方法的限制,如需蒙皮的战斗机机翼的长度达几十米。

④ 激光冲击的激光脉冲参数和作用区域可精确控制,参数也具有可重复性。可在同一地方通过累积的形式多次喷丸,因而残余压应力的大小和压应力层的深度可精确控制,成形形状精确。

⑤ 克服了利用冲压模具使板料变形产生有害拉应力的缺点。在进行成形的同时产生的压应力,可对板料起到强化作用,提高了零件抗疲劳、抗腐蚀、抗变形的性能。

（3）激光喷丸成形的应用前景

由于激光喷丸成形技术具有较好的加工性能,且成形后的零件具有优异的使用性能,

因而在航空制造业等实际生产中具有广阔的应用前景:

① 航空制造业　大型飞机中厚板的大曲率成形在不降低其力学性能的前提下,采用机械喷丸方法是很难成形的。激光喷丸技术由于能产生超过 1 mm 深的残余压缩压力,使得中厚板的成形容易实现,并能有效保证成形零件的使用性能,并且能进行大型板件的精密成形,因而能缩短装配时间,减少焊接件和连接件的数量,从而能实现飞机零部件的轻量化设计,承载更多的燃料等有效载荷,将对航空制造业产生重大影响。

② 国防工业　国防工业中导弹、火箭、核反应堆中核反应金属罐容器等零部件的成形加工,由于这些零部件的特殊应用场合,除了要有精确的外形外,其表面要求有很高的机械力学性能和表面质量,因为一般加工通常难以达到,有些成形表面的处理用传统加工方法十分困难,而激光喷丸由于光路导向容易实现,且能实现成形与强化复合加工,减少了零件的加工工序,因而在国防产品的加工中具有潜在的优势。

③ 船舶和汽车制造业　船舶外板成形目前主要用水火弯曲成形工艺,凭经验和样板在变形过程中经常检查和修正,生产效率低,曲板成形质量差,影响船舶的装配质量和使用寿命。激光喷丸成形由于能实现大型中厚板材的精确成形,且在成形表面产生高硬度和高幅残余压应力,从而有效提高船舶的装配质量,增加使用寿命,同时能大大缩短产品的研制周期,产生巨大的经济效益和社会效益。

④ 矫正零件的变形　各种机械设备中常用的驱动轴、支撑杆等杆件和覆盖件由于热处理加工或工作过程中发生变形,影响零件的使用性能,甚至提前报废,因此,需要矫正和局部修复。常用的火焰和冷弯工艺手段无法精确控制,导致过程费时而且效果差,激光喷丸柔性成形工艺通过施加有效的激光脉冲,在零件变形区形成相应的残余压应力,从而可实现变形零部件的精确修复。

⑤ 高功率激光器的制造与应用　我国高功率固体激光器的制造水平和工业应用落后于国外,激光喷丸板料变形技术的巨大应用市场必将推动我国高功率激光器设计、制造及应用的发展,形成新的经济增长点。

二、高能成形

高能成形又称脉冲成形或高速成形。其特点是使较大的能量在极短的时间内释放出来。这些能量主要通过冲击波的形式作用到被成形的毛料上,使毛料在极短的时间内接受一个脉冲能量,故可称脉冲成形。冲量变成毛料的动量,使毛料以很高的速度向模腔运动而成形,故又叫高速成形。

高能成形首先需要一个大功率的能量。现用的第一类能源是化学能,如炸药、火药、爆炸气体。第二类能源是电能,有电液效应和电磁效应两种方式。第三类能源是气体。目前最常用的是炸药、电液效应和电磁效应,相应的成形方法称为爆炸成形、电液成形和电磁成形。

1. 爆炸成形

爆炸成形是利用炸药的化学能作为能源,炸药由雷管引爆后,在极短的时间(几十万分之一秒)内完全转化为高温高压气团(爆炸中心产生 3 000 ℃ 以上的高温和 1MPa 以上的压力),猛烈推动周围的介质,在介质引起强压缩的冲击波,冲击波传到毛料表面时,将能量传给毛料,转化成毛料的动能,使毛料中部以很高的速度向模腔运动,并带动压边圈下的材料绕过凹模圆角流入模腔。随后,炸药变成的高温高压气团急剧膨胀,推动介质迅速运动,产生很大的动压,使毛料受到二次加载,再次得到加载,进一步促进零件成形。爆炸成形常用水作介质,因为水传压均匀、安全、操作方便。爆炸成型原理图如图 8.4 所示。

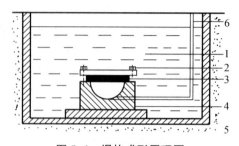

图 8.4 爆炸成形原理图

1—介质水;2—压边圈;3—毛料;4—凹模;5—爆炸井;6—真空泵管。

爆炸成形零件的能力可用冲击波波面单位面积上的能量 E 来估量:

$$E = CW^{1/3}(W^{1/3}/R)r \tag{8.3}$$

W 是药包的药量,R 是测量点至药包中心的距离,系数 C 与 r 是炸药和介质种类的常数。R 取决于炸药的种类和药量。炸药的含能量越高或者药量越大,E 愈大;E 还取决于介质的种类和 R,R 愈大 E 愈小。用球形药包成形平板毛料时,药位不仅影响毛料上载荷的大小,也影响载荷的分布。药位越低,相同的药量作用在毛料上的载荷就越大,但是载荷的分布越不均匀。生产中,常用 TNT 炸药,以水为介质。在水井中进行爆炸成形,主要的工艺参数是药形、药量和药位,需根据具体零件、参照已有的经验、通过试验来确定。

爆炸成形可用于壁板校形,并且还具有以下特点:

(1)优点是简化设备,不需要任何机床;只要一个凹模,简化模具;可获得尺寸精度很高的零件;能加工一些常规方法不易加工的材料。

(2)缺点是炸药加工、药包制造、模具和毛料的安装拆卸不太方便。

2. 电液成形

电液成形是以瞬时放电使金属板料或管子成形的一种工艺方法,电液成形的原理如图 8.5 所示。首先,将工件、模具和电极均浸入液体中。接通电源后,交流电通过变压器升压,经高压整流器整流,通过充电器电阻向电容器组充电,从而在电容器上储存相当大的电能 W。

$$W = 1/2(CU^2) \tag{8.4}$$

C 是电容器组的电容,U 是充电电压。一般 U 为 $10 \sim 40$ kV,C 为几十至一千多微法,W 可达几千至十几万焦耳。

当电容器上的电压上升到充电电压值后,点燃辅助间隙,电容器便通过辅助间隙和主间隙放电,在介质中造成很强的冲击波。先是冲击波,然后水流动压作用在毛料上,使毛料高速成形。放电部分的作用就是通过电液效应将充电部分储存的电能在一瞬间变成成

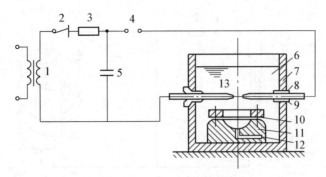

图 8.5　电液成形原理示意

1—变压器;2—整流器;3—电阻;4—辅助间隙;5—电容器;6—液体;
8—插座;9—主电极;10—毛料;11—模具;12—抽气孔;13—主间隙。

形零件的动能。除上述的电容组经过间隙放电的方式将电能转化为机械能外,还有一种方式,即电容组经过爆丝放电,这样避免了主间隙放电形式形成的冲击波的形状很难控制和改变的问题。当脉冲大电流通过主电极之间的金属丝时,金属丝立即气化,形成高压气团,从而在液体中产生强大的冲击波。改变爆丝的形状,就可改变放电电弧的通道,从而改变冲击波的形状和载荷分布,以满足零件变形的要求。

电液成形的介质一般采用清水。而爆丝的材料多用熔点低、导电率高的材料,常用直径为 1 mm 的铝丝和直径为 0.5 mm 的铜丝。电液成形对用平板毛料制造带局部压印、加强筋条、孔和各种翻边的复杂零件十分有用。对用管形毛料制造带环形槽或纵向加强筋、压印、不规则形状孔和翻边的零件更加有用。

电液成形的变形速度很高,可以压制高强度耐热合金和各种特种材料,贴模精度可达到 0.02～0.05 mm,并具有操作安全、能量容易控制,容易实现机械化的优点,但是缺点是所需设备复杂得多。

3. 电磁成形

电磁成形是利用电磁效应将电能变成机械能,电磁成形原理如图 8.6 所示。电容器上储存有上万焦耳的电能,开关闭合瞬间,一个强脉冲电流通入线圈,在它周围有一个迅速增强的磁场。线圈变动磁场会在毛料内引起感应电流,其方向与线圈电流方向相反。此两磁场方向相反,互相排斥,使线圈与毛料之间产生互相排斥力,利用此斥力可成形零件。

电磁成形的加工能力取决于充电电压与电容器的电容量。常用的充电电压为 5～10 kV,而充电能量介于 5～20 kV 之间。

线圈是电磁成形中最关键的元件,它的参数及结构直接影响成形效果。线圈的形状应根据零件的形状和变形特点来确定。线圈有一次使用和耐久使用两种。一次使用的线圈在成形过程中容易受到脉冲磁压力作用而变形或破坏。耐久线圈适用于批量生产,线圈有足够的刚度,在规定的放电电压下有足够的电绝缘性能,能反复承受冲击力的作用而不发生显著变形。常用的方法是把成形线圈用玻璃钢固定起来。为了解决耐久性线圈发热问题,可用强制空气冷却或循环水冷。线圈一般用铍表铜之类强度较大、电阻率小的粗

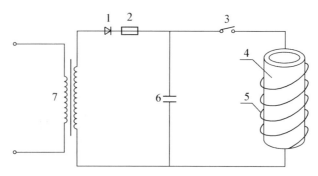

图 8.6　电磁成形原理示意图

1—整流器;2—限流电阻;3—开关;4—毛料;5—线圈;6—电容器;7—变压器。

导线绕制而成,浇注大量绝缘材料,以加大线圈的质量。

在电磁成形中,改变磁压力载荷分布的办法是采用磁通集中器。改变磁通集中器的形状,就能改变磁通的分布,使某些部位的磁场大大加强,而另一些部位的磁场削弱,以满足毛料各部位成形力不同的需要。磁通集中器一般由导电率高、强度高的材料制成。

电磁成形技术是一种非接触成形工艺,其突出优点一是加工成形迅速工效高;二是常用于金属与非金属的连接,可取代粘接或焊接;三是不耗辅助材料如润滑油脂等,有利于环境保护。此外还可在惰性气体或真空中对毛料进行加工,能量和磁压力能精确控制,其设备复杂,但操作简单。

利用通电线圈产生的电磁力的电磁成形工艺,是目前颇有前途的另一种新型加工手段,可用来完成冲孔、拉伸、翻边、局部成形、压印、收边和扩孔等工序,用于加工厚度不大的小型零件。

【任务实施】

1. 零件外形分析

在规划壁板喷丸路径和设计初步喷丸工艺参数前必须对壁板外形曲面进行几何分析,以获取壁板特征点上的厚度和曲率两个关键数据。壁板结构上的特征点,将壁板设计肋位线和长桁轴线在壁板外表面投影的交点设为壁板结构上的特征点,对特征点的几何特征分析主要包括以下两个方面:

(1) 特征点上的外形曲面分析:用 CATIA 系统平台的分析 analysis 功能模块对 3D 理论数模的外形曲面进行几何分析,可以获得的曲面数据有截面曲率、主曲率、Gauss 曲率等,其内部在计算时通常是由曲面参数按解析式得到的,精度比较高。几何曲率中的主曲率是壁板喷丸成形工艺设计中最主要的参数,主曲率一般分为 R_{max} 和 R_{min},其中 R_{min} 对应的极大曲率为弦向曲率,R_{max} 称为展向曲率半径。

(2) 特征点上的厚度分析:使用 CATIA 系统平台的测量 Measure 功能模块可以直接获得各处壁板的截面厚度。同时对壁板上的加强凸台、口框边缘和超薄下陷等特殊区域也应进行厚度分析。

2. 喷丸路径规划

喷丸路径是指在壁板表面进行选择性喷丸成形时,喷嘴或叶轮运动的路线或弹丸形成的轨迹。喷丸路径实质上反映了壁板外形曲面的成形规律,对大型复杂双曲率壁板的外形成形具有决定性影响。传统直纹面单曲率外形壁板喷丸路径可按等百分线设定,而大型复杂双曲面外形机翼壁板,其外形构成是由多个控制面生成,没有确定的等百分线,因此,如何规划喷丸路径是解决此类壁板喷丸成形的最大难题。

复杂机翼壁板喷丸路径的规划难度很大,要分别考虑壁板曲面曲率分布、参考等百分线方向、厚度分布以及喷丸路径间距等影响因素,路径规划一般应遵照的原则为:

(1) 喷丸路径曲线的方向应尽量沿曲面等百分线的方向:由于复杂翼型曲面没有确定一致的等百分线,在规划喷丸路径时首先使用翼型设计采用的所有弦向控制曲线构造等百分线,作为该翼型曲面的参考等百分线。

(2) 受曲面外形影响,弦向喷丸路径应与曲面上特征点中 R_{max} 的方向一致,并尽量通过 R_{min} 中数值较小的点。

(3) 受壁板厚度影响,喷丸路径应尽量通过壁板较厚部位。

(4) 根据特定机床条带喷丸成形工艺特性,合理调整喷丸路径的宽度和分布间距,满足特定机床的喷嘴或叶轮有效喷丸面积的要求。

综合以上影响因素,喷丸路径的规划过程是首先对壁板外形曲面按肋位线、参考等百分线及必要辅助线进行网格离散化,对各特征点 R_{max} 曲率的方向进行拟合;再根据喷丸路径规划的一般原则,首先在壁板弦向中心位置的参考等百分线附近获得一条由邻近特征点的 R_{max} 曲率半径方向拟合的曲线,并调整其大致通过壁板相对较厚的部位;然后根据特定机床条带喷丸基本特性对该拟合曲线的宽度进行交互式调整,获得首条喷丸路径,参见图 8.7。在首条路径确定后,再根据其他参考等百分线依次计算出在该喷丸路径两侧的其他曲线,从而获得弦向曲率成形的喷丸路径。

图中所示是上后壁板弦向曲率的喷丸路径,图中 D22～D46 是不同喷丸路径的编号,1～10 表示壁板 1 至 10 肋位线。表 8.1 显示对上后壁板 6～10 肋局部件喷丸路径与肋线交点上两个主曲率和对应厚度的分析情况,从表中可以看出,该壁板具有复杂双曲面外形。

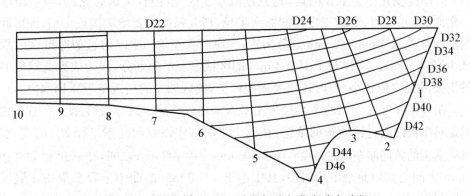

图 8.7　上后壁板 1～10 肋局部弦向曲率喷丸路径

表 8.1　上后壁板 6～10 肋局部件典型结构点曲率和厚度分布表

路径号 肋线号		D22	D24	D26	D28	D30	D32	D34	D36
6	弦向		10 964	11 851	11 971	11 554	10 996	9 922	7 337
	展向		−253 473	−493 330	1 207 700	210 546	99 625	63 378	50 370
	厚度		7.804	8.53	8.791	9.265	9.771	9.885	9.53
7	弦向		11 409	12 177	12 548	11 790	10 900	9 807	
	展向		−126 237	−100 652	−91 154	−90 383	−97 450	−118 190	
	厚度		8.121	9.015	9.181	9.79	10.445	10.047	
8	弦向	8 708	9 894	10 465	10 861	10 145	9 083	8 131	
	展向	−293 624	−148 702	−95 777	−68 267	−51 424	−39 720	−30 985	
	厚度	7.502	8.11	9.747	9.896	10.658	11.605	10.999	
9	弦向	8 115	8 768	9 279	9 493	8 997	7 900	6 813	
	展向	−744 548	−949 298	−714 842	−427 297	−257 471	−163 156	−107 772	
	厚度	7.468	8.627	10.638	11.097	11.297	10.779	10.603	
10	弦向	8 159	8 612	9 106	9 241	8 946	7 804	6 569	
	展向	−766 051	1 274 900	332 961	185 863	125 912	92 572	87 428	
	厚度	7.053	8.172	10.06	10.573	11.307	9.849	10.187	

注:"弦向""展向"是指壁板外形曲面上的投影线在某交点处沿弦向、展向的弯曲半径,单位是 mm。弦展向弯曲半径的正负值表明了投影线在该交点处的弯曲方向:弯向内形表面为正;反之,为负。

为了适应机翼壁板外形曲率和厚度的变化,可采用等强度区域划分方法。即将这种渐变的曲面,分成多个具有近视厚度范围和近视非率范围的等强度区,再根据等强度区的平均厚度和平均曲率选择该强度区的理论喷丸参数。对大型超临界机翼壁板进行等强度区域的划分应遵循以下原则和步骤:

(1)以厚度变化作为主要因素,划分近似厚度区:根据有关试验数据,当壁板厚度由 4 mm 增加到 8 mm 时,要成形出相同曲率半径,喷丸强度需要增加接近 4 倍,此区间近似厚度区的厚度差以 1 mm～2 mm 划分为宜;当厚度大于 8 mm 时对近似厚度区的划分应依次减少厚度差间隔,同样对于小于 4 mm 的区域也要单独划分,因为成形此厚度的铝合金板件需要的强度值较小,有时还需要遮蔽保护,此区域一般接近壁板翼梢部位。

(2)在近似厚度区内以曲率半径为主要因素划分等曲率区:对各特征点所作的曲率分析数据是对壁板曲面进行分析的依据,在两个主曲率中以弦向曲率半径 R_{min} 的变化为主。大型机翼壁板的弦向曲率 R_{min} 半径介于 2 500 mm～10 000 mm 之间,并以介于 5 000 mm～8 000 mm 之间的弦向曲率半径居多,其中小于 4 000 mm 的曲率半径多集中在壁板翼梢位置,此区域壁板厚度较薄,易于成形,因此,将壁板曲率半径可分为 4 000 mm 以下,5 000 mm～6 000 mm,6000 mm～8 000 mm 和 8 000 mm 以上等 4 种。

（3）区域划分完成后，要对沿喷丸路径上的每个区域按界定厚度和曲率半径给出等效板厚和等效曲率，对每一分区内与等效板厚和等效曲率值相差较大区域应单独予以分析，看是否应归入相邻区域或单独处理。

图 8.8 所示的是经上述步骤进行分区后上后壁板 1～10 肋等强度区的划分情况，共形成 18 个区域。

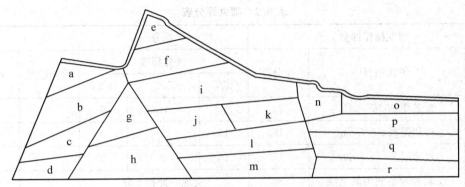

图 8.8　上后壁板 1～10 肋分区示意图

3. 确定喷丸参数

曲率半径、板材厚度和喷丸强度之间的关系是设定喷丸成形参数的基础。对于在壁板上分析出的每一个等强度区域，首先需要确定的是此种等厚度和等曲率区域的喷丸强度，可通过小试件试验获得。在沿喷丸路径上各等强度区域喷丸参数和机床速度初步选定后，按每一个喷丸路径在壁板上的实际位置进行了数控成形加工程序编制，该程序包括了不同等强度区域的坐标位置、机床速度、弹丸流量、喷射气压等多个参数。为得到最佳成形效果，在实际进行壁板喷丸加工编程时，首先从中间的喷丸路径开始，然后将喷射区向壁板前缘和后缘的喷丸路径上依次扩展。具体喷丸参数如下：

（1）喷丸机：MPPFZ0000/2500 数控喷丸机；

（2）喷嘴直径/mm：10；

（3）喷嘴数目/个：1；

（4）试件材料：2014HDT - T351；

（5）试件尺寸/(mm×mm×mm)：150×37×5；

（6）进给速度/(m·min^{-1})：变量；

（7）喷射距离/mm：300；

（8）弹丸类型：铸钢弹丸；

（9）弹丸直径/mm：3.18；

（10）弹丸流量/(kg·min^{-1})：10；

（11）喷丸气压/MPa：变量。

4. 喷丸后检验

（1）喷丸后卸下壁板，清理喷丸表面。

（2）先进行外观检查，目视检查壁板的所有表面；目视检查喷丸区域外观是否均匀和尺寸是否合格;按照图纸规定的尺寸要求,目视检查防护区域。

(3)后进行覆盖率检测:采用 10 倍放大镜,检查覆盖率。

【任务评价】

表 8.2　喷丸评分表

喷丸操作评分			总分				
序号	考核项目	配分 T	评分标准			检测结果	得分
			$\leqslant T$	$>T,\leqslant 2T$	$>2T$		
1	覆盖率 20%～50%	20	0	15	5		
2	形状误差≤0.5 mm	15	15	5	0		
3	尺寸误差≤1.5 mm	15	15	0	0		
4	工具和设备使用规范性	30	发现一处扣 2 分				
5	技术安全和文明生产	20	违反规定扣 5～10 分				

【思考与练习】

1. 说明喷丸成形基本原理、用途及所用的工装设备。
2. 试述用喷丸成形方法制造双曲度壁板的步骤。
3. 说明爆炸成形、电液成形和电磁成形的原理、所用的工装设备。

任务 2　超塑性与蠕变成形

【任务描述】

对图 8.9 所示的典型件开展试制,确定成形方案,并分析工艺试验样件的性能。

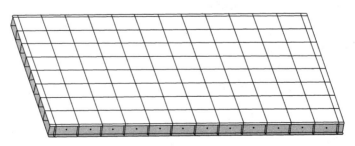

图 8.9　典型件

【知识准备】

一、超塑性成形

1. 超塑性变形的特点

金属超塑性在工程上的定义是金属材料在特定的内在条件(指材料成分、组织及相变能力等)和外在条件(指温度、加热方式、压力及应变速率等)下,呈现无缩颈和异常高的延伸率的特性,统称为超塑性。凡延伸率大于 100% 的变形称之为超塑性变形。能产生超塑性变形的材料称之为超塑性材料。利用金属材料超塑性将毛料成形为零件的方法称之为超塑性成形。

与一般塑性变形不同,超塑性变形具有以下特点:

(1) 非常大的延伸率,一般 200%,最大可达 5 000% 以上;

(2) 变形抗力小,无或少加工硬化,易变形;

(3) 很强的抗缩颈能力,可发生很大变形而无明显的局部缩颈;

(4) 对应变速率非常敏感,m 值一般大于 0.3;

(5) 对晶粒尺寸、状态敏感,一般要求微细晶粒。

根据超塑性的实现条件及变形特点的不同,超塑性可分为结构超塑性(又称细晶超塑性或组织超塑性)、相变超塑性、临时超塑性(又称短暂超塑性)、内应力超塑性、相变诱发超塑性等多种。

2. 超塑性能的影响因素

(1) 温度

当变形温度小于 $0.3\,T_m$ 时(T_m 为熔点的绝对温度),应变强化明显,使变形不稳定,产生不均匀变形;当变形温度大于 $0.5\,T_m$ 时,应变强化不再显著,材料呈现相当范围的均匀变形。

(2) 稳定而细小的晶粒

只是细晶超塑性才有这种要求,而对相变超塑性则没有组织方面的要求,只要金属在固态下具有相变能力即可。要实现细晶超塑性,一般要求晶粒度在 $10\,\mu m$ 以下,除要求晶粒细化外,在高温下应具有一定的稳定性。如果晶粒在高温下很快长大,则会失去超塑性。

(3) 变形速度要小

为了实现超塑性,材料的变形速度必须在普通成形时低很多,例如以应变速率表示变形速度,则一般在 $(10^{-4} \sim 10^{-1})\,s^{-1}$ 范围内。

3. 超塑性成形的应用

超塑性在塑性加工工程中已获得较广泛应用。由于材料在超塑性状态下,具有很高的塑性,且不产生加工硬化,所以能成形出复杂的零件,可使原来需要多道工序才能成形的零件一次成形,亦可使原来因为工艺上的需要,分部设计的组合零件改为整体零件。

金属材料在超塑性状态下,所具有的优良的塑性和极低的变形抗力,使其可像塑料一样能进行气胀成形,包括真空成形和吹塑成形,或将两种并用。也可超塑性拉深成形,特别是超塑性差温拉深,比常规拉深的拉深比(毛坯直径与凸模直径之比)要大很多。超塑性体积成形应用也较多,如超塑性用于挤压成形称为超塑性挤压成形,可以成形零件和模具型腔;模锻时采用超塑性称为超塑性模锻。各成形工艺简介如下:

(1)气胀成形

这是最早利用超塑性的工艺,目前应用最广。材料在超塑状态下变形抵抗力较低,塑性极好,可像玻璃和塑料一样用气吹成型,常用于生产薄壁壳体部件,其最大的特点是工艺和设备都很简单。如抛物线状的天线、仪表壳体及美术浮雕等适于用此方法生产制造,如图 8.10 所示。

(2)超塑性拉延

由于超塑材料有极高的塑性,因此,可将金属板材一次深拉延成筒形零件。该方法可成型高径比很大的筒形件(>10),成型后的薄壁均匀,还可在模腔中再次胀成瓶状部件,如图 8.11 所示。

图 8.10　超塑性胀形件

图 8.11　超塑拉深成形件

(3)超塑性等温模锻

此方法充分利用了超塑性材料变形抵抗力低、塑性好的特点,在不改变常规模具和设备的条件下,成型载荷大为降低,而且材料的填充性能好,对形状复杂的材料成型有非常好的适应性,该方法被广泛用于冷冲压模具的成型,如图 8.12 所示。

(4)超塑成形/扩散焊接(SPF/DB)

这种方法是充分发挥超塑性材料特点的一种组合技术。材料本身在超塑状态下能高速扩散、超塑成形的同时,也将多个部件扩散焊接成一个整体,使得结构的重量减轻、强度提高、导热性也增强了,所以被认为是航天、航空工业中最有潜力的新型技术,如图 8.13 所示。

图 8.12　超塑等温模锻件

图 8.13　超塑成形/扩散焊接件

二、蠕变成形

1. 蠕变成形过程

蠕变成形是在一定温度和外力的作用下材料缓慢变形的过程,其中伴随着蠕变、应力松弛、时效综合作用。图 8.13 为蠕变成形过程示意图,如图所示,蠕变成形工艺可分为三个阶段。

(1) 加载

在室温下向成形材料如板材通过一定的方式施加一定的外力,使其发生弹性变形,并用工装卡住,保住这种变形状态。

(2) 人工时效

将用工装装配好的材料一同装入人工时效炉或热压罐内。此时材料一方面发生人工时效,另一方面又发生蠕变与应力松弛,材料在这三种机制的作用下发生组织、性能和形状变化。

(3) 卸载

在时效保温出炉后,卸掉工装即去掉工装约束卸载后,施加到工件上的部分弹性变形在蠕变和应力松弛作用下转变为永久变形,从而使零件获得了设计的外形。

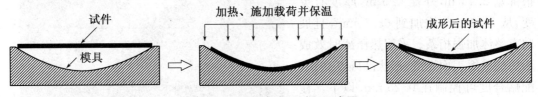

图 8.14　为蠕变成形过程示意图

2. 蠕变成形特点

蠕变成形具有成形精度高、重复性好、工艺稳定、提高蒙皮的强度、能够生产双曲率复杂形状的厚蒙皮和整体壁板件等大型钣金件的优点。蠕变成形在一次成形中可以得到非常接近要求的形状。虽然蠕变成形设备和模具制造成本高,但对于特大型蒙皮的成形非常有效,是其他方法不可替代的一种方法。蠕变主要涉及两个方面的关键问题,一是需要大型的设备,空客公司自行研制的世界上最大的热压罐,其中压力 300 吨、罐长 42 米、直径 6 米。二是需要成熟的工艺,蠕变成形中的关键技术包括载荷施加、模具型面确定、模具结构设计与制造、工艺参数的确定等。

图 8.15　热压罐

3. 蠕变成形的应用

由于蠕变时效成形具有上述优点,欧美等先进国家很早就开展了对时效成形技术的相关研究,并已被广泛应用于飞机蒙皮和壁板制造中,如美国 B-1B 超音速战略轰炸机的上下机翼壁板、"弯流"Ⅳ和"弯流"Ⅴ公务机的马鞍形上翼面蒙皮和"大力神"Ⅳ火箭正交格栅结构壁板等。其中所成形的 B-1B 的机翼整体壁板,当时被认为是飞机工业史上所成形的最大、最复杂的机翼壁板,该零件材料采用可热处理强化的铝合金 2124 和 2419,长度为 15.24 m,根部宽 2.74 m,外端 0.9 m,厚度有突变,从 2.54 mm 增加到 63.5 mm,且展向有整体加强桁条。采用热压罐时效成形后的壁板表面光滑,形状准确度高,装配贴合度可控制在 0.25 mm 以下。在民用飞机的应用方面,空客、波音和麦道的早期机型已经部分采用该项技术,如 MD82、A330/340 和 A380 等大型民用

图 8.16　蠕变时效成形的 A380 机翼右上壁板

飞机的整体壁板制造中,其中采用蠕变时效成形技术制造的 A380 飞机机翼上壁板材料

为 7055，零件长 33 m，宽 2.8 m，变厚度 3 mm～28 mm，成形后外形贴合度小于 1 mm，如图 8.16 所示。

 【任务实施】

盒形件试制的主要工艺过程如下：

第一步　下料。

将复验合格的钛板按下料尺寸下料（如图 8.17），面板 2 块，芯板 2 块。材料表面应无机械损伤、压痕、凹坑、裂纹、起皮、氧化皮、压折等缺陷。钛板表面的划伤深度不应超过板材厚度公差的 1/2，划伤允许用细砂纸（1 000～1 500 目）打磨。

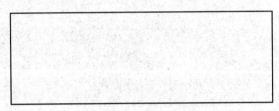

图 8.17　下料

第二步　划线。

使用数控机床在面板上刻画出阻焊剂涂覆刻线，如图 8.18 所示。

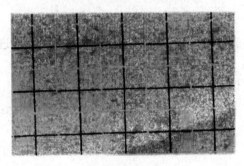

图 8.18　划线

第三步　表面处理。

对扩散连接区域进行酸洗处理。

第四步　止焊剂涂覆。

将坯料在 30 ℃～60 ℃的水中清洗 2 min～5 min，然后用室温下的流动水冲洗 1～3 min。零件表面经喷淋或漂洗后至少 30 s 内保持水膜不破裂时，可认为清洗干净。后用纯净水冲洗一遍，用洁净纱布擦拭后并用电吹风吹干。

接触已经清洗干净的钛板时，应戴洁净白色细纱手套，不允许在钛板上留有手印、汗迹。

在面板上按刻线要求涂覆止焊剂，止焊剂应厚度均匀，覆盖钛合金底色。止焊剂涂覆图形轮廓应清晰，无毛边，涂层干燥后应保持连续，均匀，不起皮，不脱落，黏结牢固。

第五步　封焊。

将芯板放在上下面板中间,使用氩弧焊封边并接好内进气气管,如图 8.19 所示。

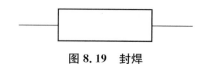

图 8.19　封焊

第六步　装模。

将坯料表面及模具表面使用丙酮或酒精擦拭干净,均匀涂上一层脱模剂(防氧化剂)。然后将坯料安放在下模,使用定位导柱定位,将模具闭合,如图 8.20 所示。

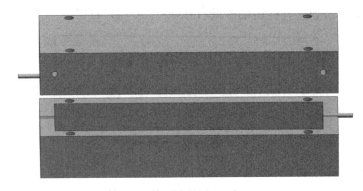

图 8.20　装模

第七步　装炉。

模具闭合后,将模具安放在超塑成形机下平台上,接好内外进气管,插入 4 支热电偶。设定升温程序,开始加热。

第八步　超塑成形/扩散连接。

当模具温度稳定在 920 ℃±10 ℃时,启动成形程序进行超塑成形/扩散连接。

第九步　脱模。

模型温度降到 200 ℃以下时,将成形完的零件脱模,成形后工艺体如图 8.21 所示。

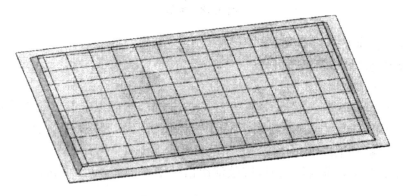

图 8.21　成形后工艺体

第十步　机械加工。

按数模和图纸要求加工零件。

 【任务评价】

根据表 8.3 评分表,可对任务进行评价和总结。

表 8.3　超塑成形评分表

序号	考核项目	配分 T	评分标准			检测结果	得分
			$\leqslant T$	$>T,\leqslant 2T$	$>2T$		
1	检查图纸尺寸	35	发现一处扣 5 分				
2	检查设备有效性	15	发现一处扣 5 分				
3	平面度<0.5	15	15	0	0		
4	表面质量:无裂纹、夹伤、划伤、锤痕等	15	发现一处扣 3 分				
5	技术安全和文明生产	20	违反规定扣 5~10 分				

 【思考与练习】

1. 说明蠕变成形的基本原理、应用范围及优缺点。
2. 超塑性的定义是什么? 超塑性变形有什么特征? 影响超塑性的主要因素是什么?
3. 简述超塑性变形的主要机理。

参考文献

[1] 王海宇.飞机钣金工艺学[M].西安:西北工业大学出版社,2011.

[2] 曾元松.航空钣金成形技术[M].北京:航空工业出版社,2014.

[3] 金霞,鲁世红等.飞机钣金成形技术[M].自编讲义,2010.

[4] 中国锻压协会.航空航天钣金冲压件制造技术[M].北京:机械工业出版社,2013.

[5] 胡兆国.冲压成形工艺与模具设计[M].北京:机械工业出版社,2017.

[6] 汉锦丽.飞机钣金工理论与实训[M].西安:西北工业大学出版社,2014.

[7] 《航空制造工程手册》总编委会.航空制造工程手册:飞机钣金工艺[M].北京:航空工业出版社,1992.

[8] 杨海明.冷作钣金工[M].北京:化学工业出版社,2009.

[9] 宋智斌.钣金工快速入门[M].北京:国防工业出版社,2007.

[10] 武立波.图解钣金工入门·考证一门通[M].北京:化学工业出版社,2015.

[11] 韩志仁,祁桂根,张凌云.飞机大型蒙皮制造技术现状分析[J].沈阳航空航天大学学报,2008,25(3):1-5.

[12] 曾元松,尚建勤,许春林,等.ARJ21飞机大型超临界机翼整体壁板喷丸成形技术[J].航空制造技术,2007(3):38-41.

[13] 彭艳敏,陈金平,杨亮,等.大型飞机整体壁板喷丸成形延展变形分析[J].航空制造技术,2017,60(9):97-100.